常见肉鸡病诊治图谱

李连任 主编

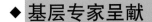

- ◆ 基层专家呈献
- ◆ 内容实用易懂
- ◆ 病例图片清晰
- ◆ 方法确实有效

中国农业科学技术出版社

图书在版编目(CIP)数据

常见肉鸡病诊治图谱/李连任主编.—北京：中国农业科学技术出版社，2014.4
ISBN 978-7-5116-1335-6

Ⅰ.①常… Ⅱ.①李… Ⅲ.①肉鸡 – 鸡病 – 诊疗 – 图谱
Ⅳ.① S858.31-64

中国版本图书馆 CIP 数据核字（2013）第 155036 号

责任编辑　张国锋
责任校对　贾晓红

出 版 者	中国农业科学技术出版社
	北京市中关村南大街 12 号　邮编：100081
电　　话	（010）82106636（编辑室）（010）82109702（发行部）
	（010）82109709（读者服务部）
传　　真	（010）82106631
网　　址	http://www.castp.cn
经 销 者	各地新华书店
印 刷 者	北京富泰印刷有限责任公司
开　　本	710mm×1 000mm　1 /16
印　　张	9.5
字　　数	180 千字
版　　次	2014 年 4 月第 1 版　2014 年 4 月第 1 次印刷
定　　价	48.00 元

编写人员名单

主　编　李连任

副主编　季大平

参编人员

李连任	李　童	王友华	李茂刚	宋宗好
刘　东	李长强	季大平	张永平	李云龙
盛全友	郑玉国	孔凡辉	张绍虎	赵遵明
刘明生	孙世民			

前　言

我国肉鸡业经过了 20 多年的发展，饲养方式已经由传统的农户分散饲养转向公司带动农户，现在又发展到"公司＋农户"、"公司＋基地"、龙头放养合同鸡等模式，养殖数量越来越多，标准化程度越来越高。

随着肉鸡养殖模式的不断变革，肉鸡的疾病也越来越严重和复杂，隐性感染、混合感染、非典型病例和免疫抑制病越来越多，给正确诊断和科学防控带来很大困难。作者根据 20 多年来肉鸡疾病临床教学、兽医实践、技术服务的经验，选取部分现场采集的病例图片，并配以简洁明了、通俗易懂的文字说明，总结出了一套诊断、预防及治疗的可行性方案，即便是肉鸡养殖新手也能一看就懂，一学就会，具有"一书在手，防治不愁"的效用。

本书在编写过程中，参考了很多资料；在图片采集过程中，得到了宋宗好、李童、李茂刚、刘东、盛全友、王友华等许多同行朋友的大力支持，在此一并表示感谢。

本书可作为肉鸡养殖场户、兽医门诊等生产管理人员以及畜牧兽医技术人员的工具书。

由于编者水平有限，书中缺点和不足在所难免，敬请广大读者批评指正。

编者
2014. 1.5

目　录

目录

常见病毒病

第一节　新城疫

一、流行情况

当前，新城疫仍然是严重威胁肉鸡业健康发展的重要疾病。本病是由病毒引起的一种急性、烈性、高度接触性传染病。发病后的鸡主要表现呼吸困难、下痢，伴有神经症状。

主要侵害鸡和火鸡，其他禽类和野禽也能感染，但以鸡最易感染。病鸡和带毒鸡是主要传染源，不分年龄、品种、性别均可发病。

本病一年四季均可发生，但以春、秋、冬季多发。这取决于不同季节的管理水平的高低。如果鸡舍内通风不良，氨气浓度高，温度控制不好，饲养密度过大，会使鸡群抵抗力下降，当有新城疫强毒株存在时就可引起本病流行。

鸡新城疫在一个鸡群流行时，刚开始多数鸡处于潜伏期中。以后的4~6天，病死率会呈直线上升，且多表现为急性型。

由于疫苗的作用，我国规模化鸡场目前多表现为非典型性，呈散发，并以混合感染出现。常在免疫鸡群发生，多发生为二免与三免之间。病鸡群出现亚临床症状或非典型症状，主要表现为呼吸道症状和神经症状。由于病鸡常出现呼吸困难、甩头、张口呼吸等症状，与其他一些呼吸道疾病如传染性支气管炎、慢性呼吸道病等病的症状十分相似，给本病的诊断增加了难度。

二、临床症状

1. 全身症状

精神沉郁，体温升高，闭眼似睡，翅膀下垂，羽毛逆立（乍毛），缩颈呆立，反应迟钝。

2. 呼吸系统症状

呼吸困难，有呼噜声，张口、伸颈喘气，咳嗽，甩鼻，喷嚏，怪叫，气管啰音。

3. 神经系统症状

扭颈、勾头，常呈仰头观星状姿势，翅膀下垂，跛行甚至瘫痪。

4. 消化系统症状

食欲减退甚至废绝，先少饮后减少或不饮，倒提病死鸡，可从口中流出酸臭液体。拉稀，排黄绿色稀粪，玷污肛门或羽毛。

临床症状具体见图 1-1 至图 1-13。

图 1-1　病鸡精神委顿、乍毛

图 1-2　眼睛半闭半睁

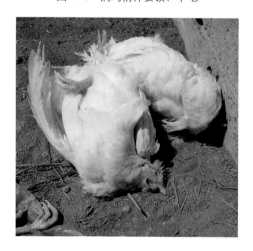

图 1-3　病鸡扭颈、仰颈死去

图 1-4　病鸡被毛逆立

图 1-5 缩颈呆立

图 1-6 张口伸颈呼吸

图 1-7 张口伸颈呼吸

图 1-8 扭颈

图 1-9 病鸡扭颈

图 1-10 观星状姿势

图 1-11 口中流出酸臭液体

图 1-12 绿色稀粪玷污肛门

图 1-13　病鸡排出黄绿色稀粪

三、病理变化

① 嗉囊积液；腺胃肿大，腺胃乳头肿胀、出血、溃疡；腺胃与食道、腺胃与肌胃交界处出血和溃疡。

② 十二指肠及小肠黏膜有出血和溃疡，肠道腺体肿大出血，有的形成枣核状坏死。盲肠扁桃体肿胀、出血和溃疡。极易导致腹膜炎。

③ 喉头、气管、支气管上段黏膜充血、水肿出血，气管内有黏液，根据病程长短可出现浆液性、黏液性、脓性、干酪样分泌物。

病理变化具体可见图 1-14 至图 1-29。

图 1-14　腺胃乳头出血

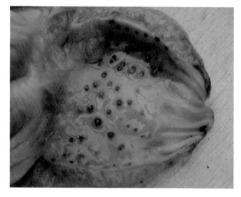

图 1-15　典型新城疫腺胃乳头出血

图 1-16　腺胃乳头肿胀、出血

图 1-17　腺胃乳头肿胀、部分乳头出血

图 1-18　小肠黏膜出血

图 1-19　泄殖腔黏膜出血

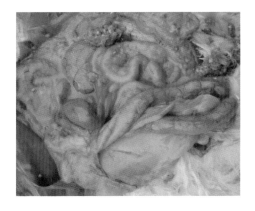

图 1-20　强毒新城疫引起的十二指肠
"U"祥出血

图 1-21　小肠淋巴滤泡肿胀出血

图 1-22　小肠淋巴滤泡肿胀出血

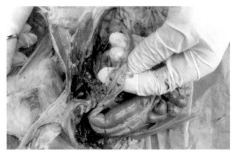

图 1-23　小肠淋巴滤泡肿胀出血

图 1-24　小肠淋巴滤泡肿胀出血

图 1-25　小肠淋巴滤泡多处肿胀出血

图 1-26　盲肠扁桃体肿大、出血

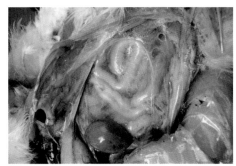

图 1-27　腹膜炎

图 1-28　气管出血

图 1-29　气管出血，有黄色干酪样物

四、防控措施

（一）预防措施

1. 做好消毒灭源工作，切断病毒入侵途径

在养殖场大门口和鸡舍门口都要设置消毒池，在消毒池里先放置一些稻草或草苫子，再倒入消毒液。消毒液可用 2%~3% 的氢氧化钠或 5% 的来苏儿。消毒液的注入量应以浸过草为宜；每天定时（早晨 7∶30）将消毒液更换一次。

鸡舍的消毒坚持每天一次，对鸡舍里面和外部四周环境以及各种养殖用具进行消毒。消毒液可用 3%~5% 的来苏儿，0.2%~0.5% 的过氧乙酸。但在免疫前、中、后至少 1 天内不可带鸡消毒。肉鸡出栏后，要按规定空舍 2 周后再上鸡。

2. 对病鸡实施隔离措施

隔离病鸡。提高鸡舍温度 3~5℃，在饮水中加入多种维生素和电解质。

3. 制定科学的免疫程序

对于雏鸡应视其母源抗体水平高低来确定首免日龄，一般应在母源抗体水平低于 1∶16 时进行首免，确定二免、三免日龄时也应在鸡群 HI 抗体效价衰减到 1∶16 时进行，才能获得满意的效果。

在一般的疫区，可以采用下列免疫程序：7 日龄用新城疫Ⅳ系 +H120 点眼、滴鼻，每只 1 羽份，同时注射新支二联油苗每只 1 羽份；23 日龄用新城疫Ⅳ系或克隆 30 三倍量饮水；33 日龄用克隆 30 或Ⅳ系 4 倍量饮水。

在新城疫污染严重的地区，1 日龄用新城疫传染性支气管炎二联弱毒疫苗喷雾或滴鼻、点眼；8~10 日龄用新城疫弱毒疫苗饮水，新城疫油苗规定剂量颈部皮下注射；14 日龄用法氏囊弱毒疫苗饮水；20~25 日龄新城疫弱毒疫苗饮水。

（二）治疗措施

做到早发现、早确诊、早采取有效措施治疗。

1. 快速确诊

鉴于目前发生的鸡新城疫多为非典性的，仅凭临床症状难以确诊，对疑似发病鸡群应尽早根据临床症状、流行病理特点、解剖病变和采用实验室诊断方法确诊，采取有效措施，防止疾病扩散，减少经济损失。加强管理，减少各类应激。

第一章 常见病毒病

2. 封锁隔离

在确诊发生鸡新城疫时，鸡场应采取封锁隔离，彻底清洁消毒等必要措施，防止病原扩散。

3. 紧急免疫接种

对 30 日龄内肉鸡，用鸡新城疫 IV 系疫苗或克隆 -30 进行紧急免疫接种，最好采用点眼、滴鼻免疫。紧急接种时，要注意接种顺序，首先接种假定健康鸡群，再接种可疑鸡群，最后接种病鸡群。

30 日龄后的鸡群，可考虑出栏。

4. 标本兼治，控制病情

本病为病毒性疾病，没有特效治疗方法。可考虑标本兼治，控制病情。大多数鸡发病时，肌注高免蛋黄液（同时加入抗菌药物），注射抗病毒药物；也可用干扰素治疗；聚肌胞注射液、黄芪多糖、白介素、清热解毒中药等，对本病有一定控制作用。使用抗生素、解热镇痛、止咳化痰平喘药、糖皮质激素类、维生素等药物，可防止继发感染。

第二节　低致病性禽流感

H9 禽流感（低致病性禽流感）目前成为不得不重视的病毒病之一，其实流感病毒对环境的抵抗力并不强，病毒在加热、极端的 pH 值、非等渗条件和干燥条件下均可失活，因此，只要加强管理和预防，是可以预防 H9 的发生的。

一、流行情况

禽流感是由 A 型流感病毒引起的禽类的一种急性、热性、高度接触性传染病。临床症状复杂，对肉鸡生产危害大，且人畜共患，被世界动物卫生组织列入 A 类传染病，我国将此病列入一类传染病。

禽流感病毒属于正黏病毒科流感病毒属的成员，有 A、B、C 3 个血清型，禽流感病毒属于 A 型。根据流感病毒的血凝素（HA）和神经氨酸酶（NA）抗原的差异，将其分为不同的亚型。目前，A 型流感病毒的血凝素已发现 15 种，神经氨酸酶 9 种，分别是 H1~H15、N1~N9。所有的禽流感病毒都是 A 型。临床最常见的是 H5N1、H9N2 亚型。

该病感染率高，传播范围广，速度快。一年四季均会发病，但在每年的10月份到翌年5月多发。肉鸡发病日龄多在25天前后。气候突变、冷刺激、饲料中营养物质缺乏均能促进本病发生。主要通过呼吸道和消化道感染，发病率和死亡率与毒力有关。

二、临床症状

低致病性禽流感因地域、季节、品种、日龄、病毒的毒力不同而表现出症状不同、轻重不一的临床变化（图1-30至图1-36）。

① 精神不振，或闭眼沉郁，呆立一隅或扎堆靠近热源，体温升高，发烧严重鸡将头插入翅内或双腿之间，反应迟钝。

② 采食和饮水减少或废绝，拉黄白色带有大量泡沫的稀便或黄绿色粪便，有时肛门处被淡绿色或白色粪便污染。

③ 张口呼吸，呼吸困难，打呼噜，呼噜声如蛙鸣叫，此起彼伏或遍布整个鸡群，有的鸡发出尖叫声，甩鼻、流泪、肿眼或肿头，肿头严重鸡如猫头鹰状。病鸡多窒息蹦高而死亡，死态仰翻，两脚登天。

④ 鸡冠和肉髯发绀，鸡脸无毛部位发紫；胫部以下鳞片发红或发紫，鳞片下出血。病鸡或死鸡全身皮肤发紫或发红。

⑤ 肉鸡感染低致病性禽流感后，可破坏免疫系统，导致严重的免疫抑制；可继发大肠杆菌、气囊炎，造成较高的致死率。

图1-30　病鸡精神沉郁，厌食扎堆

图1-31　鸡冠、肉髯肿胀、发紫

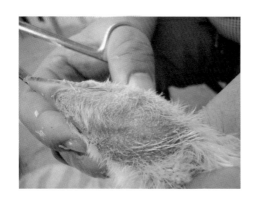

图 1-32　弱毒流感，病鸡下颌肿胀、发硬

图 1-33　头部肿胀，鸡冠、肉髯发紫

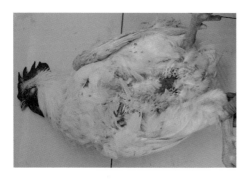

图 1-34　病死鸡全身发紫

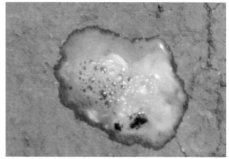

图 1-35　病鸡排出带有大量黏液的黄绿色粪便

图 1-36　继发大肠杆菌后大批死亡，病死鸡鸡冠发绀

三、病理变化

① 低致病性禽流感跗关节以下胫部鳞片出血。

② 肺脏坏死，气管栓塞，气囊炎。

肺脏大面积坏死是肉鸡发生流感的一个特征性病变。肺脏瘀血、水肿、发黑；气囊混浊，严重者可见炒鸡蛋样黄色干酪样物；鼻腔黏膜充血、出血，气管环状出血，内有灰白色黏液或干酪样物；支气管、细支气管内有黄白色干酪样物。

气囊中出现干酪样物，引发气囊炎，临床上多见胸、腹腔的气囊中出现干酪样物。

③ 引起肾充血。

肉鸡常见肾脏肿大，紫红色，花斑样，此种现象与肾型传染性支气管炎、痛风等病有相似之处。鉴别诊断在于肾型传染性支气管炎机体脱水更严重，尸体干硬，皮肤难于剥离，死态多见两腿收于腹下；肾型传染性支气管炎一般见不到类似禽流感的多处出血现象。禽流感出现的肾肿、花斑肾和严重肾出血，使用通肾药物效果不明显。

④ 皮下出血。

病鸡头部皮下胶冻样浸润，剖检呈胶冻样；颈部皮下、大腿内侧皮下、腹部皮下脂肪等处，常见针尖状或点状出血，这样的点状出血解剖活禽时易发现，而死亡时间长的则看不到。

⑤ 腺胃肌胃出血。

腺胃肿胀，腺胃乳头水肿、出血，肌胃角质层易剥离，角质层下往往有出血斑；肌胃与腺胃交界处常呈带状或环状出血。

⑥ 心肌变性，心内、外膜出血；心冠脂肪出血。

⑦ 肠鼓气，肠壁变薄，肠黏膜脱落。

⑧ 胰脏边缘出血或坏死，有时肿胀呈链条状。

⑨ 脾脏肿大，有灰白色的坏死灶。

⑩ 胸腺萎缩，出血。

病理变化见图 1-37 至图 1-64。

图 1-37　胫部鳞片下出血

图 1-38　胫部鳞片下出血

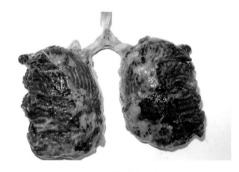
图 1-39　肺脏瘀血坏死

图 1-40　肺脏瘀血水肿

图 1-41　气管环状出血

图 1-42　气管内黏液性渗出物

图 1-43　气管内黄色栓塞物

图 1-44　气管内黄色干酪样物

图 1-45　气囊浑浊，有黄色干酪样物

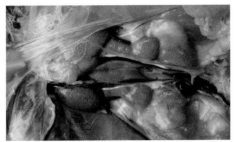

图 1-46　肾脏充血、肿胀，花斑肾

图 1-47　头部皮下胶冻样

图 1-48　腹部皮下脂肪针尖状出血

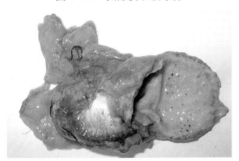

图 1-49　腺胃乳头出血

图 1-50　腺胃乳头水肿

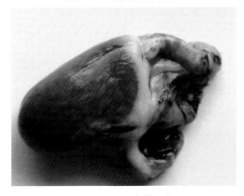

图 1-51　心肌变性、坏死

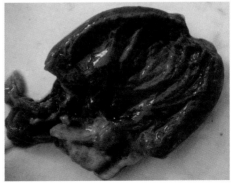

图　1-52　心内膜出血

第一章　常见病毒病

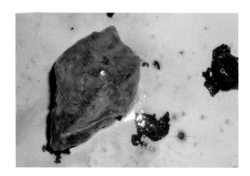

图 1-53　心外膜出血

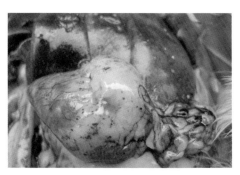

图 1-54　心冠脂肪出血

图 1-55　肠黏膜脱落

图 1-56　胰腺出血样坏死

图 1-57　胰腺灰白色点状坏死

图 1-58　胰腺透明状坏死

图 1-59　胰腺边缘出血

图 1-60　胰腺灰白色坏死

图1-61　脾脏肿大，有灰白色坏死灶

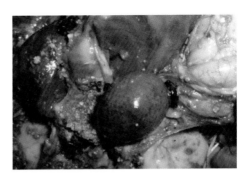

图1-62　脾脏肿大坏死

图1-63　胸腺萎缩、出血

图1-64　禽流感继发心包炎、肝周炎

四、防控措施

（一）快速处理

①冬春季节严格执行疾病零汇报制度，一旦发现有支气管堵塞现象，要立即上报。

冬春季节前要做好疾病防控知识培训，提高相关人员对H9的敏感度。由于H9很容易同应激造成的张口呼吸、慢呼等常见呼吸道病混淆，容易被误诊，要引起注意。

②要具备H9的完善实验室诊断能力。

要配备H9病原分离、鉴定专业人员及相关实验条件，及时收集病料。有条件的单位可第一时间将病料或分离毒株进行测序鉴定，并进行分子流行病学分析。

③入冬前要储备防疫物资，如蛋黄液（卵黄囊抗体）、相应疫苗等。

（二）肉鸡 H9 的主要防控措施

1. 使用当地毒株免疫

新区域发生首例 H9 要坚决扑杀，扩散后可不必扑杀。同时增加 1~3 日龄 H9 的免疫 0.2 毫升 / 只（当地毒株）。在多发日龄前，连用 5 天抗病毒药物。鸡发病后可注射 0.5 毫升 / 只 H9 抗体加抗生素。对病死鸡要进行无害化处理，加强免疫专业队、运输车辆的消毒管理，并且处理好通风和保温的矛盾，防止鸡舍内有害气体的积聚。

免疫要根据不同品种、不同地区的流行趋势，使用相应亚单位分支的单价或多价疫苗，可获得较好的防控效果。冬季肉鸡免疫程序见表 1-1，供参考。

表 1-1　冬季肉鸡免疫程序

日龄	疫苗种类	剂量	免疫方法
1 日龄	HVT /IBD	1 头份	颈部皮下注射
	ND/IB	1 头份	喷雾
	H 9/ND	0.2 毫升	（浓缩苗）颈部皮下注射
9 日龄	H5/H9/ND	0.5 毫升	颈部皮下注射（非疫区 H5 可省去）
	ND/IB	1 头份	点眼或喷雾
24 日龄	lasota	2 头份	饮水或喷雾

2. 保护呼吸道黏膜，建立屏障

呼吸道是病原体入侵的门户，被称为"万病之源"，呼吸道黏膜保护好了，就相当于建立起了一道天然屏障。实践证明，使用蜂胶感清喷雾能明显降低病毒的感染机会，保护呼吸道黏膜，提高养鸡成功率。

3. 保护消化道，清除霉菌毒素

肠道也是病原体进入的门户，特别是近两年霉菌毒素中毒现象频发，造成消化系统损伤，免疫抑制问题严重。保护好消化道，清除霉菌毒素，能减少免疫抑制，提高疫苗成功率，减少 H9 的感染概率。

4. 减少免疫空白期的危害

每次活疫苗免疫后，疫苗会中和体内原来的一部分抗体，而新抗体需要 5~7 天才能产生，这段时间被称为免疫间隙，很容易发生问题。此阶段防控的要点是提升机体免疫力，降低呼吸道反应。肉鸡 25~30 日龄，禽流感、新城疫等抗体在体内降到最低，是机体最危险的时期，被称为肉鸡的免疫空白期。此阶段鸡生长最快，也是最容易发生问题的时期，要特别注意。

5. 加强通风，不容忽视保温

标准化鸡场设备使用不当出现问题的鸡场很多，特别是那些老养鸡户由开放式鸡舍转成标准化鸡舍。管理条件发生了变化，设备不会用，通风过小、过大出现的问题多。初春的"倒春寒"，天气突变，保温措施不当，会让不少养鸡户吃亏。所以养鸡关键是管理细节，一点不容忽视，学会设备使用才是当务之急。

6. 加强消毒，正确消毒

当前环境下，肉鸡养殖加强消毒、加强生物安全措施至关重要。建议除了常规的消毒措施外，还要加强带鸡消毒措施来杀死舍内的病原微生物。有些鸡场不知道什么时候应该消毒、如何消毒。肉鸡每次活疫苗免疫后24小时应该带鸡喷雾消毒3天，杀死鸡体通过呼吸道和粪便排出的疫苗毒，防止毒力增强和持续不断地排毒刺激鸡的呼吸道，引起严重的呼吸道反应，这就是所谓的疫苗"滚动应激"。采用本措施后，对降低肉鸡疫苗后呼吸道反应效果明显。呼吸道控制好，H9流感感染机会就少。25日龄以后每隔3天带鸡消毒一次，能减少H9流感的感染机会。

第三节 传染性支气管炎

一、流行情况

肉鸡传染性支气管炎是由冠状病毒引起的肉鸡的一种急性、高度接触性呼吸道疾病。

因病毒血清型不同，肉鸡传染性支气管炎多见肾型、呼吸型、腺胃型。该病病原的血清型较多，新的血清型不断出现，常导致免疫失败，使该病不能得到有效控制，给肉鸡业造成巨大损失。

各地分离的病毒血清型复杂，经常有新的血清型出现，不同血清型之间仅有部分交叉保护作用，甚至不能交叉保护。而血清型与临床表现也无明显的相关性，血清型相同的毒株可能有不同的临床表现。病毒对外界抵抗力不强，耐寒不耐热，1%石炭酸和1%甲醛溶液都能很快把它杀死。

临床型感染和亚临床感染均致使鸡群生产性能下降，饲料报酬降低，肾型传染性支气管炎病鸡呼吸困难，气管啰音，咳嗽，有较高致死率。常继发或并发霉形体病、大肠杆菌病、葡萄球菌感染等，导致死淘率增加。传染性支气管炎病毒为冠状病毒科冠状病毒属成员。病毒主要存在于病鸡呼吸道和肺中，也可在肾、法氏囊内大量增殖，在肝、脾及血液中也能发现病毒。传染源主要是病鸡和康复后带毒鸡，康复鸡可带毒 35 天。传播途径主要通过空气（飞沫）经呼吸道传播，也可通过污染的饲料、饮水和器具等间接地经消化道传播。

本病只感染鸡，不同年龄、品种鸡均易感。本病传播迅速，一旦感染，可很快传播全群。一年四季均可发病，寒冷季节多发。

二、临床症状和病理变化

（一）肾型传染性支气管炎

肾型传染性支气管炎病毒是鸡传染性支气管炎病毒的一个变种，对鸡的肾脏有好嗜性，耐低温不耐高温。因此本病常在冬季流行，秋末和春初亦常见，夏季较少发生。主要经空气传播，一旦感染传播非常迅速。

1. 发病日龄

主要集中在 20~40 日龄左右的肉鸡，但也有早期 3 日龄感染的个别病例。

发病日龄过早，除了与鸡舍环境的严重污染外，极有可能与种鸡感染传染性支气管炎病毒有关。因种蛋消毒不彻底，病毒通过蛋壳而感染早期鸡雏。

其主要发病原因如下。

（1）温度忽高忽低，鸡群受凉　这是传支发病的主要原因。传支是条件应激病，温度过低，鸡群易受凉，抵抗力下降，极易引发传支。

（2）通风不良或通风过大　冬春季节，由于鸡舍条件的限制，当通风与保温发生矛盾时，管理者常常倾向于保温而减少通风。这样会导致鸡舍内氨气、硫化氢等有害气体浓度增高，对眼、鼻、气管黏膜造成损伤，传支病毒极易通过损伤的创口感染鸡群，引起发病。

我们常常认为通风不良等有害气体浓度增高是传支发病的主要诱因。但是在现在的标准化肉鸡舍，通风过大是传支发病的最主要原因。

近年来，肉鸡养殖向标准化、规模化发展，传统意义的大棚式简易鸡舍逐渐被纵向通风加湿帘式鸡舍替代。标准化鸡舍温度控制一般不会出现问题，通风量也是按照温度设定。但在开春与立秋之间，极易出现通风过大，在温度表显示温度正常的情况下，鸡群受凉，引发传支。这一时间，由于外界温度较高，鸡群在 10 天后常常出现超温，管理者通常会加大通风量。由于进风温度较高，即使加大通风，温度也会超温。这样，由于通风过大，会导致鸡群的体感温度下降，鸡群受凉而引发传支，这是夏季前后标准化鸡舍发病的主要原因。风速对温度的影响见表1-2。

表1-2　风速对温度的影响

风速 /（米 / 秒）	感觉温度 /℃
1.3	0
1.5	−2
2	−4
2.5	−6
3	−8.5

风速过大还会对眼、鼻、气管黏膜造成损伤，破坏黏膜的完整性，传支病毒极易通过损伤的创口感染鸡群，引发疾病。

标准化鸡舍的管理者一定要加强管理，摸索出不同季节适合自己鸡舍的通风方式，不要死板教条。

（3）密度过大　密度过大会造成排泄废物多，氨气等有害气体增多，环境不好控制；密度大，对于鸡群是强应激，会造成鸡群抵抗力下降，引发传支。

（4）疫苗选择不当或免疫不到位　传支的预防主要依靠冻干苗，传支疫苗免疫常常采用喷雾或点眼滴鼻方式，喷雾要注意喷雾剂量与时间，确保群不漏一；点眼时鸡只必须眨眼后，滴鼻时必须堵住另一侧鼻孔，待鸡吸进后才能将鸡放下。

2. 发病后出现的典型症状（图1-65 至图1-73）

一般分3个阶段：

第一阶段：呼吸道症状期。发病急，从最初只有几只鸡表现呼吸道症状，气管啰音、打喷嚏，后迅速波及全群，一般第3~4天呼吸道症状最为严重，60%~70%的鸡甩鼻、呼噜、无流泪肿脸现象，采食量基本维持原量。解剖时多表现为气管黏液增多，其他病变不突出。

第二阶段：假康复期。第5~6天后呼吸道症状减轻乃至消失，出现假康复现象。鸡群无异常表现，似乎"恢复健康"。解剖时各个器官无明显的病变。

第三阶段：花斑肾症状期。假康复1~2天后粪便开始变稀，白色尿酸盐稀便逐渐加剧，肛门周围羽毛沾有白色粪便，后出现"哧哧"的水便急泄现象，粪便中几乎全是尿酸盐。

病鸡表现聚堆、精神萎靡、羽毛蓬乱无光泽、采食量减少，逐渐出现死亡。病鸡眼窝凹陷、脚爪干瘪、皮肤干缩、紧贴肌肉，不易剥离。死亡鸡只典型表现：两腿蜷缩趴卧，尸体僵硬，呈"速冻鸡"现象。

　　剖检，胸肌和腿肌发绀、脱水，泄殖腔内充满尿酸盐。肾脏肿大数倍，黄斑状，输尿管、肾小管充满白色的尿酸盐，俗称"花斑肾"。出现花斑肾症状后，死亡率迅速上升，经济损失严重。

　　临诊时要注意肾传支与其他疾病的鉴别诊断。肉鸡痛风，是因蛋白或劣质蛋白过高引起，没有流行性，没有呼吸道症状，有时可见关节肿胀，大群有瘫痪现象；传染性法氏囊炎表现腺胃与肌胃交界处有出血带，胸肌、腿肌有出血现象；温和型禽流感的某些禽流感毒株可引起花斑肾现象，但同时还具备相应部位的出血，而肾传支很少见到各种出血现象，再者，肾传支的鸡群喝水大增，而禽流感的鸡群喝水量增幅不是太大，通过问诊可以区别。

图 1-65　精神沉郁，羽毛不整

图 1-66　伸颈呼吸

图 1-67　病鸡水样下痢，有大量尿酸盐

图 1-68　腿部干燥无光，脚爪干瘪，趴卧

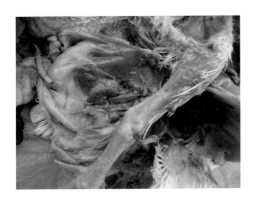

图 1-69　腿部肌肉干瘪，花斑肾

图 1-70　肾肿，花斑肾

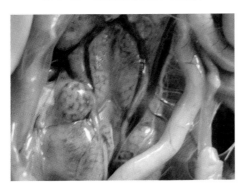

图 1-71　输尿管内有大量尿酸盐

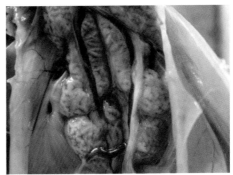

图 1-72　肾肿，花斑肾，输尿管内有
大量尿酸盐

图 1-73　胸肌脱水，干瘪，弹性降低

（二）呼吸型传染性支气管炎

主要通过呼吸道传播，各日龄鸡均易感染。发病日龄多在5周以下，全群几乎同时发病。雏鸡发病初期主要表现为流鼻液、流泪、咳嗽、打喷嚏、呼吸困难、常伸颈张口喘气。发病轻时白天难以听到，夜间安静时，可以听到伴随呼吸发出的喘鸣声。

剖检可见鼻腔和鼻窦内有浆液性、卡他性渗出物或干酪样物质，气管和支气管内有浆液性或纤维素性团块。气囊浑浊，并覆有一层黄白色干酪样物。气管环出血，肺脏水肿或出血。特征性变化是在气管和支气管交叉处的管腔内充满白色或黄白色的栓塞物。具体可见图1-74至图1-78。

图1-74 张口伸颈呼吸

图1-75 气管环出血

图1-76 气管环出血

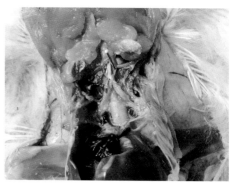

图1-77 气管内黄色栓塞

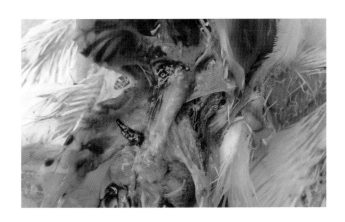

图 1-78 肺水肿、出血，气囊浑浊

（三）腺胃型传染性支气管炎

病鸡采食量下降，精神差，羽毛蓬乱，呆立；发病鸡高度消瘦，发育、整齐度差；拉白绿色稀便。

剖检见腺胃肿大，质地坚硬；腺胃壁增厚，剪开往往外翻；腺胃乳头肿大、突起（图 1-79、图 1-80）。

图 1-79 腺胃肿大、坚硬

图 1-80 腺胃壁增厚，剪开往往外翻；
腺胃乳头肿大、突起

三、防控措施

（一）预防措施

早期应用疫苗是预防该病的根本措施。在没有母源抗体或母源抗体水平很低的雏鸡群，防疫宜在 5 日龄以内进行。目前使用的疫苗为弱毒疫苗，使用最广泛的是鸡胚致弱的 H120 株和 H52 株；H120 毒力弱，适用于 1~3 周龄雏鸡；H52 毒力稍强，一般用于 4~15 周龄的青年鸡，免疫方法可采用滴鼻、饮水或气雾免疫，免疫期 3 个月。也可用新支二联苗（新城疫和传染性支气管炎）滴鼻、饮水。

对肾传染性支气管炎多发的地区，可以在鸡 20 日龄左右，再加强一次肾传染性支气管炎的免疫，免疫的疫苗应含有肾型传染性支气管炎的疫苗株，如 Ma5、28/86 等，最好使用多价苗，至少应与第一次免疫所使用的疫苗毒株有所区别，以尽量扩大疫苗的保护范围。

（二）治疗与保健措施

发病后应避免一切应激因素，保持鸡群安静；提高舍温 2~3℃，加强通风换气，夜间应适当亮灯，让病鸡适当活动饮水；避开任何伤肾药物的使用，如磺胺类药物、氨基糖苷类药物等；降低饲料中蛋白质水平，在全价饲料中加入 20%~30% 的玉米糁，并添加适量鱼肝油。有条件的鸡场多补充玉米和青菜；每天 1~2 次带鸡消毒。

鸡群发生肾传染性支气管炎后，一是要考虑使用传染性支气管炎多价疫苗 3 倍量饮水；二是可使用利尿消肿和析解排泄肾脏输卵管尿酸盐的药物通肾，最好是刺激作用小的中药制剂，以减少死亡。且不可胡乱用药，更不可一味依赖抗病毒药物，耽误病情的同时，会增加肾脏的负担。

第四节　传染性法氏囊炎

肉鸡传染性法氏囊炎是由传染性法氏囊病毒引起的主要危害幼龄鸡的一种急性、接触性、免疫抑制性传染病。除可引起易感鸡死亡外，早期感染还可引起严重的免疫抑制，其危害非常严重，造成较大的经济损失。

一、流行特点

本病主要发生于 2~11 周龄鸡，3~6 周龄最易感。感染率可达 100%，死亡率常因发病年龄、有无继发感染而有较大变化，多在 5%~40%。因传染性法氏囊病毒对一般消毒药和外界环境抵抗力强大，污染鸡场难以净化，有时同一鸡群可反复多次感染。

目前，本病流行发生了许多变化，主要表现在以下几点。

① 发病日龄明显变宽，病程延长。

② 目前临床可见传染性法氏囊炎最早可发生于 1 日龄幼雏。

③ 宿主群拓宽。鸭、鹅、麻雀均成为传染性法氏囊病毒的自然宿主，而且鸭表现出明显的临床症状。

④ 免疫鸡群仍然发病。该病免疫失败越来越常见，而且在我国肉鸡养殖密集区出现一种鸡群在 21~27 日龄进行过法氏囊疫苗二免后，几天内暴发法氏囊病的现象。

⑤ 出现变异毒株和超强毒株。临床和剖检症状与经典毒株存在差异，传统法氏囊疫苗不能提供足够的保护力。

⑥ 并发症、继发症明显增多，间接损失增大。在传染性法氏囊炎发病的同时，常见新城疫、支原体、大肠杆菌、曲霉菌等并发感染，致使死亡率明显提高，高者可达 80% 以上，有的鸡群不得不全群淘汰。

二、临床症状（图 1-81 至图 1-84）

① 潜伏期 2~3 天，易感鸡群感染后突然大批发病，采食量急剧下降，翅膀下垂，羽毛蓬乱，怕冷，在热源处扎堆。

② 饮水增多，腹泻，排出米汤样稀白粪便或拉白色、黄色、绿色水样稀便，肛门周围羽毛被粪便污染，恢复期常排绿色粪便。

③ 病初可见有病鸡啄自己的泄殖腔。

图 1-81　精神萎靡，羽毛蓬乱

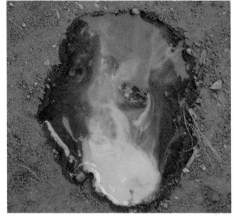

图 1-82　排出米汤样稀白粪便

④ 发病 1~2 天后的病鸡精神萎靡，随着病情发展，发病后 3~4 天死亡达到高峰，7~8 天后死亡停止。

⑤ 发病后期如继发鸡新城疫或大肠杆菌病，可使死亡率增高。

⑥ 耐过鸡贫血消瘦，生长缓慢。

图 1-83　肛门周围羽毛被粪便污染

图 1-84　恢复期排出绿色稀薄粪便

三、病理变化（图 1-85 至图 1-92）

① 病死鸡脱水，皮下干燥，胸肌和两腿外侧肌肉条纹状或刷状出血。

② 法氏囊黄色胶冻样渗出，囊浑浊，囊内皱褶出血，严重者呈紫葡萄样外观。

③ 肾脏肿胀，花斑肾，肾小管和输尿管有白色尿酸盐沉积。

图 1-85　胸肌脱水干瘪，无光泽

图 1-86　腿部肌肉刷状出血

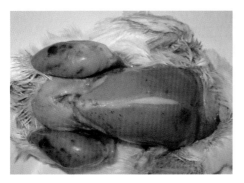

图 1-87　胸肌和两腿肌条纹状或刷状出血

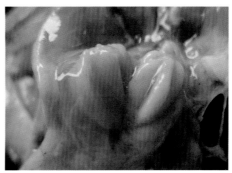

图 1-88　法氏囊内部黄色胶冻样渗出物

图 1-89　法氏囊出血

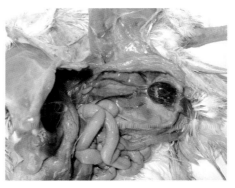

图 1-90　法氏囊肿大、出血，呈紫葡萄样

图 1-91　剖开的法氏囊皱褶出血

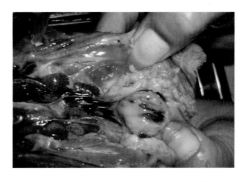

图 1-92　法氏囊出血肿大，肾脏肿胀，花斑肾，
有尿酸盐沉积

四、防控措施

1. 对发病鸡群及早注射高免卵黄抗体

制作法氏囊卵黄抗体的抗原最好来自本鸡场，每只鸡肌内注射 1 毫升。但要注

意每只鸡更换一个针头，防止交叉感染，并保持鸡舍安静，防止产生应激。使用解热镇痛药，也可以迅速控制病情，减少鸡群伤亡。

同时要提高鸡舍温度 2~3℃，尽量减少给鸡群带来的各种应激；降低饲料中蛋白质水平，可在原用日粮的基础上，添加 2/3 的玉米糁；如能配合补肾、通肾的药物，减少肾脏损害，可促进机体尽快恢复。病情好转后，及时使用敏感的抗生素，防止继发大肠杆菌病等细菌病。

2. 疫苗免疫是控制传染性法氏囊炎最经济最有效的措施

按照毒力大小，传染性法氏囊炎疫苗可分为 3 类。一是温和型疫苗，如 D78、LKT、LZD228、PBG98 等，这类苗对法氏囊基本无损害，但接种后抗体产生慢，抗体效价低，对强毒的传染性法氏囊炎感染保护力差；二是中等毒力的活苗，如 B87、BJ836、细胞苗 IBD-B2 等，这类疫苗在接种后对法氏囊有轻度损伤，接种 72 小时后可产生免疫活力，持续 10 天左右消失，不会造成免疫干扰，对强毒的保护力较高；三是中等偏强型疫苗，如 MB 株、J-I 株、2512 毒株、288E 等，对雏鸡有一定的致病力和免疫抑制力，在传染性法氏囊炎重污染地区可以使用。

肉鸡免疫一般采取 14 日龄法氏囊冻干苗滴口，28 日龄法氏囊冻干苗饮水。在容易发生法氏囊病的地区，14 日龄法氏囊的免疫最好采用进口疫苗，每只鸡 1 羽份滴口，或 2 羽份饮水。饲养 50~55 日龄出栏大肉食鸡的养殖户，如果 28 日龄还要免疫，可采用饮水法免疫，但用量要加倍。

3. 落实各项生物安全措施，严格消毒

进雏前，要对鸡舍、用具、设备进行彻底清扫、冲洗，然后使用碘制剂或甲醛高锰酸钾熏蒸消毒。进雏后坚持使用 1:600 倍的聚维酮碘溶液带鸡消毒，隔日一次。

第五节　鸡　痘

鸡痘是由鸡痘病毒引起的一种接触性传染病，以体表无毛、少毛处皮肤出现痘疹或上呼吸道、口腔和食管黏膜的纤维素性坏死形成假膜为特征的一种接触性传染病。因影响肉鸡产品质量，所有食品企业拒收患病鸡，即便能勉强收购，售价也很低。

一、流行情况

各种年龄的鸡均可感染，但主要发生于幼鸡。主要通过皮肤或黏膜的伤口感染而发病，吸血昆虫，特别是蚊虫吸血，在本病中起着传播病原的重要作用。蚊子吸取过病鸡的血液，之后即带毒长达 10~30 天，其间易感染的鸡就会通过蚊子的叮咬而感染；鸡群恶癖，啄毛，造成外伤，鸡群密度大，通风不良，鸡舍内阴暗潮湿，营养不良，均可成为本病的诱发因素。没有免疫鸡群或者免疫失败鸡群高发。

二、临床症状及病理变化

鸡痘病毒感染后 4~8 天出现症状，根据症状和病变以及病毒侵害鸡体部位的不同，分为皮肤型、黏膜型、混合型 3 种类型。开始以个体皮肤型出现，发病缓慢不被养殖户重视，接着出现眼流泪，出现泡沫，个别出现鸡只呼吸困难，喉头出现黄色假膜，造成鸡只死亡现象。

（一）皮肤型鸡痘（图 1-93 至图 1-96）

特征是在鸡体表面无毛或少毛处，如鸡冠、肉垂、嘴角、眼睑、耳球和腿脚、泄殖腔和翅的内侧等部位形成一种特殊的痘疹。痘疹开始为细小的灰白色小点，随后体积迅速增大，形成如豌豆大黄色或棕褐色的结节。

一般无明显的全身症状，对鸡的精神、食欲无大影响。但感染严重的病例，体质衰弱者则表现出精神萎靡、食欲不振、体重减轻、生长受阻现象。

图 1-93 鸡冠上的痘疹

图 1-94 鸡冠、肉髯、嘴角等处的痘疹

皮肤型鸡痘一般很难见到明显的病理变化。

图1-95 皮肤型鸡痘在头部、喙角形成的痘斑

图1-96 肉髯处形成的痘疹

（二）黏膜型鸡痘（图1-97至图1-100）

也称白喉型鸡痘。痘疮主要出现在口腔、咽喉、气管、眼结膜等处的黏膜上，痘痂堵塞喉头，往往使鸡窒息死亡。

表现为病鸡精神委顿、厌食，眼和鼻孔流出液体，初为浆液黏性，以后变为淡黄色的脓液。时间稍长，眶下窦和眼结膜受波及时，则眼睑肿胀，结膜充满脓性或纤维蛋白性渗出物。2~3天后，口腔和咽喉等处的黏膜发生痘疹，初呈圆形的黄色斑点，逐渐形成一层黄白色的假膜，覆盖在黏膜上面。随着病程的发展，口腔和喉

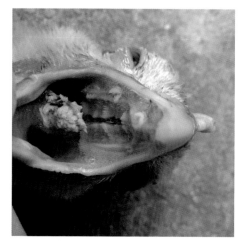

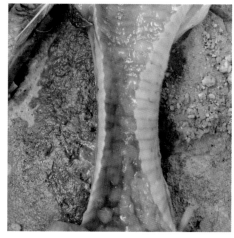

图1-97 喉头上出现痘斑堵塞喉头

图1-98 气管内形成痘疮

部黏膜的假膜会不断扩大和增厚，口腔和喉部受到阻塞，病鸡的吞咽和呼吸受到影响，嘴往往无法闭合，频频张口呼吸，发出"嘎嘎"的声音，痂块脱落时破碎的小块痂皮掉进喉和气管，形成栓塞，进一步引起呼吸困难，直至窒息死亡。

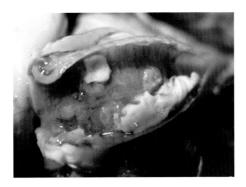
图1-99　喉头气管内的痘疮

图1-100　气管内形成的痘斑及黄色干酪样物

（三）混合型鸡痘

病禽皮肤和口腔、咽喉同时受到侵害，发生痘斑。病情严重，死亡率高。

三、防控措施

（一）预防

1. 接种鸡痘疫苗

夏秋季节，建议肉鸡养殖场户于5~10日龄接种鸡痘鹌鹑化弱毒冻干苗200倍稀释，摇匀后用消毒刺种针或笔尖蘸取，在鸡翅膀内侧无血管处进行皮下刺种，每只鸡刺种一下。刺种后3~4天，抽查10%的鸡作为样本，检查刺种部位，如果样本中有80%以上的鸡在刺种部位出现痘肿，说明刺种成功。否则应查找原因并及时补种。

2. 消灭和减少蚊蝇等吸血昆虫危害

经常消除鸡舍周围的杂草，填平臭水沟和污水池，并经常喷洒杀蚊蝇剂；对鸡舍门窗、通风排气孔安装纱窗门帘，防止蚊蝇进入鸡舍，减少吸血昆虫的传播。

3. 改善鸡群饲养环境

降低鸡的饲养密度，经常对鸡舍通风换气，勤打扫，勤消毒，鸡出栏后应将舍内的垫料、粪便等杂物全面清除并消毒，饲养用具沸水消毒；遇高温高湿季节，应加强通风和防湿防潮；加强鸡群饲养，保持日粮营养全面，以增强鸡群的抗病力。

（二）治疗

发病后，皮肤型鸡痘可以用镊子剥离痘痂，然后用碘甘油或龙胆紫涂抹。黏膜型可以用镊子小心剥掉假膜后喷入消炎药物，或用碘甘油或蛋白银溶液涂抹。眼内可用双氧水消毒后滴入氯霉素眼药水。大群用中西药抗病毒、抗菌消炎，控制继发感染。饲料中添加维生素 A 有利于本病的恢复。

第六节　包涵体肝炎

肉鸡包涵体肝炎是由禽腺病毒引起的一种急性传染病，临床上以病鸡死亡突然增多，肝脏出血，严重贫血，黄疸，肌肉出血和死亡率突然增高，并在肝细胞中形成核内包涵体为特征。

一、发病情况

本病主要感染鸡和鹑、火鸡，多发于 3~15 周龄的鸡，其中以 3~9 周龄的肉鸡最常见，近年来发病日龄有所提前，最早的见于 4~10 日龄肉鸡。

本病可通过鸡蛋传递病毒，也可从粪便排出，因接触病鸡和污染的鸡舍而传递，感染后如果继发大肠杆菌病或梭菌病，则死亡率和肉品废弃率均会增高。本病的发生往往与其他诱发条件如传染性法氏囊病有关。以春夏两季发生较多，病愈鸡能获终身免疫。

本病发病率不是很高，大部分呈零星发病。

二、临床症状与病理变化（图 1-101 至图 1-108）

肉鸡发病迅速，常突然出现死鸡。病鸡发热，精神委顿，食欲减少，排白绿色稀粪，嗜睡，羽毛蓬乱，屈腿蹲立。在饲料不断增长的阶段不会发现减料现象。病鸡有明显的肝炎和贫血症状，发病率可高达 100%，死亡率从 2%~10% 不等，有时可达 30%~40%。

① 肝肿大、土黄或苍白、肥厚、褪色，呈淡褐色或黄褐色，严重的就好像煮熟的鸡蛋黄，质脆易碎，表面和切面上有点状或斑状出血，并有胆汁淤积的斑纹。

② 中后期，肝脏表面有密集的小出血点和出血斑。

③ 肾脏肿大但不严重，色泽苍白，皮质出血，不同于肾传染性支气管炎的花斑样肿。

④ 病鸡表现明显贫血，胸肌苍白。

图 1-101　肝肿大，质脆（右为正常鸡肝）

图 1-102　肝肿大、质脆易碎

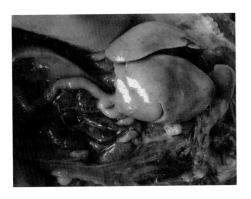

图 1-103　肝土黄色、肥厚

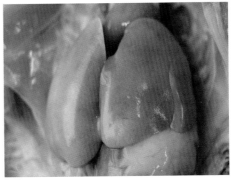

图 1-104　肝肿大，土黄色

图 1-105　肝肿大，呈淡褐色或黄褐色

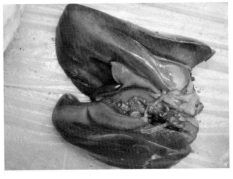

1-106　肝肿大，有胆汁淤积的斑纹

图 1-107　肝肿大，表面有出血斑

图 1-108　病鸡贫血，胸肌苍白

三、防制措施

目前尚无有效疫苗和特殊的药物，防制本病须采取综合的防疫措施。引种谨防引进病鸡或带毒鸡，因该病经蛋传播，对病鸡应淘汰，经常用次氯酸钠进行环境消毒；增强鸡体抗病能力，病鸡可以添加维生素 K_3 及微量元素如铁、铜、钴等；传染性法氏囊病病毒和传染性贫血病毒可以增加本病毒的致病性，因此应加强这两种病的免疫。

目前对鸡包涵体肝炎尚无有效疗法，也无良好疫苗用于预防。发病期间，电解多维、维生素 C、鱼肝油、维生素 K_3 全程应用，氟苯尼考、头孢菌素交替应用，黄芪多糖和保肝护肾的中药联合使用，可防止继发、并发症。

注意卫生管理，预防其他传染病尤其是法氏囊病的混合感染。发生本病的鸡场，在饲料中加入复合维生素和微量元素。

第七节　病毒性关节炎

一、发病情况

肉鸡病毒性关节炎是由呼肠孤病毒引起的肉鸡的传染病，又名腱滑膜炎。本病的特征是胫跗关节滑膜炎、腱鞘炎等，可造成死淘率增加、生长受阻、饲料报酬低。

本病仅见于鸡，可通过种蛋垂直传播。多数鸡呈隐形经过，急性感染时可见病鸡跛行，部分鸡生长停滞；慢性病例跛行明显，甚至跗关节僵硬，不能活动。有的患鸡关节肿胀、跛行不明显，但可见腓肠肌腱或趾屈肌腱部肿胀，甚至腓肠肌腱断裂，并伴有皮下出血，呈现典型的蹒跚步态。死亡率虽然不高，但出现运动障碍，生长缓慢，饲料报酬低，胴体品质下降，淘汰率高，严重影响肉鸡经济效益。

二、临床症状和剖检变化（图1-109至图1-116）

病鸡食欲不振，消瘦，不愿走动，跛行；腓肠肌断裂后，腿变形，顽固性跛行，严重时瘫痪。

剖检，肉鸡趾屈腱及伸腱发生水肿性肿胀，腓肠肌腱粘连、出血、坏死或断裂。跗关节肿胀、充血或有点状出血，关节腔内有大量淡黄色、半透明渗出物。慢性病例可见腓肠肌腱明显增厚、硬化，出现结节状增生，关节硬固变形，表面皮肤呈褐色。腱鞘发炎、水肿。有时可见心外膜炎，肝、脾和心肌上有小的坏死灶。

图1-109 病鸡跛行

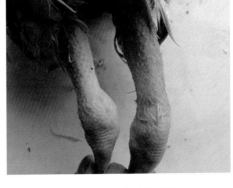

图1-110 跗关节肿胀

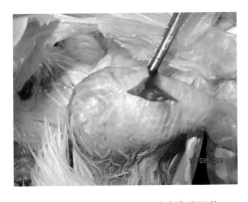

图1-111 附关节肿胀，腔内有分泌物

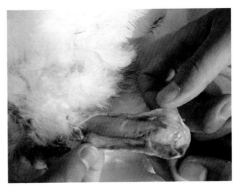

图1-112 腱鞘发炎、水肿

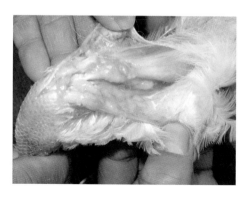

图 1-113　腱鞘粘连

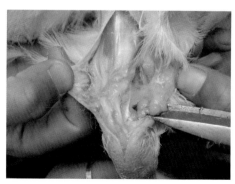

图 1-114　胫部炎症，腱鞘水肿

图 1-115　肌腱水肿、坏死

图 1-116　腓肠肌筋腱断裂

三、防控措施

目前对于发病鸡群尚无有效的治疗方法。可试用干扰素、白介苗抑制病毒复制，抗生素防止继发感染。

1. 加强饲养管理

注意肉鸡舍及环境，从无病毒性关节炎的肉鸡场引种。坚持执行严格的检疫制度，淘汰病肉鸡。

2. 免疫接种

目前，实践应用的预防病毒性关节炎的疫苗有弱毒苗和灭活苗两种。种鸡群的免疫程序是：1~7 日龄和 4 周龄各接种一次弱毒苗，开产前接种一次灭活苗，减少垂直传播的概率。但应注意不要和马立克氏病疫苗同时免疫，以免产生干扰现象。

第八节　淋巴细胞白血病

鸡白血病是由一群具有共同特性的病毒（RNA 黏液病毒群）引起的鸡的慢性肿瘤性疾病的总称，淋巴细胞性白血病是在白血病中最常见的一种。

一、流行特点

淋巴细胞性白血病病毒主要存在于病鸡血液、羽毛囊、泄殖腔、蛋清、胚胎以及雏鸡粪便中。该病毒对理化因素抵抗力差，各种消毒药均敏感。

本病的潜伏期很长，呈慢性经过，小鸡感染大鸡发病，一般 6 月龄以上的鸡才出现明显的临床症状和死亡。主要是通过垂直传播，也可通过水平传播。感染率高，但临床发病者很少，多呈散发。

二、临床特征（图 1-117 至图 1-124）

病鸡冠与肉垂变成苍白色，皱缩。精神不振、食欲减退，进行性消瘦，体重减轻。下痢、排绿色粪便，常见腹部膨大、手按压可触到肿大的肝脏。病鸡最后衰竭死亡。

临床上的渐进性发病、死亡和低死亡率是其特点之一。

剖检，肝脏肿大，可延伸到耻骨前缘，充满整个腹腔，俗称"大肝病"。肝质地脆弱，并有大理石纹彩，表面有弥漫性肿瘤结节。脾脏肿胀，似乒乓球，表面有弥散性肿瘤增生。

图 1-117　肝脏、脾脏极度肿大、质脆，见灰白色肿瘤病灶

图 1-118　肝脏肿大，有蚕豆大肿瘤

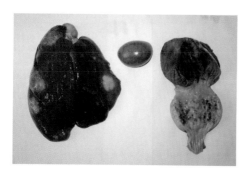

图 1-119 肝脏、脾脏、腺胃肿大，
腺胃黏膜出血

图 1-120 肝脏上有蚕豆大肿瘤

图 1-121 肝脏肿大、质脆，
见灰白色肿瘤病灶

图 1-122 肝肿，见灰白色肿瘤坏死灶

图 1-123 肝肿显著增大

图 1-124 脾脏肿大，见灰白色坏死灶

三、防控措施

目前无有效治疗方法。患淋巴性白血病的病鸡没有治疗价值，应该着重做好疫病防制工作。

① 鸡群中的病鸡和可疑病鸡，必须经常检出淘汰。

② 淋巴性白血病可以通过鸡蛋传染，孵化用的种蛋和留种用的种鸡，必须从无白血病鸡场引进。孵化用具要彻底消毒。种鸡群如发生淋巴细胞性白血病，鸡蛋不可再作种用。

③ 幼鸡对淋巴性白血病的易感性最高，必须与成年鸡隔离饲养。

④ 通过严格的隔离、检疫和消毒措施，逐步建立无淋巴性白血病的种鸡群。

常见细菌病

第一节　大肠杆菌病

近年来，随着肉鸡养殖密度的增加，养殖区域的不断扩大，养殖户对管理方面的疏忽，对养殖环境造成了较大的污染，肉鸡生产中大肠杆菌病日趋严重，给广大养殖场户造成了巨大的经济损失。

一、发病情况

本病是由大肠杆菌的某些致病性血清型引起的疾病的总称。多呈继发或并发。由于大肠杆菌血清型众多，且容易产生耐药性，因此治疗难度比较大，发病率和死亡率高。

大肠杆菌是肉鸡肠道中的正常菌群，平时，由于肠道内有益菌和有害菌保持动态平衡状态，因此一般不发病。但当环境条件改变，肉鸡遇到较大应激，或在病毒病发作时，都容易继发或伴发本病。

肉鸡大肠杆菌病的发病率高，大大小小的养殖场几乎都暴发过。有的养殖场15日龄前大肠杆菌病的病死率高，治疗效果不理想，易反复发作，多与病毒病混合感染。肉鸡大肠杆菌病很少单一发生，多与鸡新城疫、肾传染性支气管炎、法氏囊病等病毒病混合感染，给治疗带来了一定的难度。

本病可通过消化道、呼吸道、污染的种蛋等途径传播，不分年龄、季节均可发生。饲养管理和环境条件越差，发病率和致死率越高。

二、临床症状与病理变化（图2-1至图2-13）

单纯的肉鸡大肠杆菌病，表现为精神不振，常呆立一侧，羽毛松乱，两翅下垂，尾部羽毛被白色、黄绿色稀薄粪便污染；呼噜、甩鼻及咳嗽；食欲减少，冠发紫，排白色、黄绿粪便。饲料转化率降低，后期易继发腹水症。有些肉鸡群表现为头部肉芽肿。幼雏（多在 1~5 日龄）早期死亡，脐带发炎，愈合不良；卵黄吸收不良，囊壁充血，内容物黄绿色、黏稠或稀薄样，脐孔开张、红肿。

当大肠杆菌和其他病原菌（如支原体、传染性支气管炎病毒等）合并感染时，病鸡多有明显的气囊炎。临床表现呼吸困难、咳嗽。

肉鸡发生大肠杆菌病后，剖检时有恶臭味儿。病理变化多表现为：心包炎，气囊浑浊、增厚，有干酪物，心包积液，有炎性分泌物；肝周炎，肝肿大，有白色纤维素状渗出；有些肉鸡群头部皮下有胶冻状渗出物；腹膜炎。雏鸡有卵黄吸收不良、卵黄性腹膜炎等变化，中大鸡发病有的还表现为腹水征。

混合感染时，可见气囊壁增厚、混浊，囊内含有淡黄色干酪样渗出物，心包增厚有多量纤维素性渗出物，腹腔积液，肝脏表面有多量纤维素性渗出物覆盖。

图 2-1　病鸡精神差，乍毛，拉稀

图 2-2　伏卧，拉白色稀粪

图 2-3　排出白色稀薄粪便

图 2-4　白色稀粪污染泄殖腔周围羽毛

图 2-5　心包炎、肝周炎

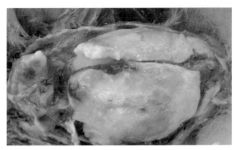

图 2-6　肝脏表面形成的干酪物

图 2-7　肝脏表面黄色纤维蛋白渗出

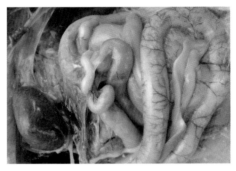

图 2-8　气囊炎、腹膜炎

图 2-9　腹膜炎

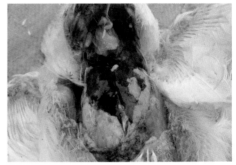

图 2-10　病鸡前胸气囊黄色干酪物

图 2-11　肝脏表面形成包膜

图 2-12　卵黄性腹膜炎

图 2-13　引起腹水征

有些情况下，肉鸡大肠杆菌病还表现以下不同类型（图 2-14 至图 2-16）。

全眼球炎表现为眼睑封闭，外观肿大，眼内蓄积大量脓性或干酪样物质。眼角膜变成白色不透明，表面有黄色米粒大的坏死灶。内脏器官多无变化。

大肠杆菌性肉芽肿，是在病鸡的小肠、盲肠、肠系膜及肝脏、心脏等表面形成典型的肉芽肿，外观与结核结节及马立克氏病相似。

关节及关节滑膜炎型多是大肠杆菌败血症的一种后遗症，呈散发性。病鸡行走困难、跛行，关节周围呈竹节状肥厚。剖检可见关节液浑浊，有脓性或干酪样渗出物蓄积。

图 2-14　大肠杆菌性结膜炎，
结膜囊内有脓性渗出物

图 2-15　大肠杆菌肉芽肿

图2-16 大肠杆菌肉芽肿

三、防治对策

（一）预防

① 选择质量好、健康的鸡苗，这是保证后期大肠杆菌病少发的一个基础。

② 大肠杆菌是条件性致病菌，所以，良好的饲养管理是保证该病少发的关键。例如，温度、湿度、通风换气、圈舍粪便处理等都与大肠杆菌病的发生息息相关。

③ 适当的药物预防。药物的选择可根据鸡只的不同日龄多听从兽医专家的建议进行选择，且不可滥用。

（二）治疗

① 弄清该鸡群发生的大肠杆菌病是原发病还是继发病，是单一感染还是和其他疾病混合感染，这是成功治疗本病的关键。

② 通过细菌培养和药敏试验选择高敏的大肠杆菌药物作为首选药物。

③ 增加维生素的添加剂量，提高机体抵抗力。

④ 改善圈舍条件，提高饲养管理水平。

第二节 沙门氏菌病

肉鸡沙门氏菌病是由沙门氏菌属引起的一组传染病，主要包括鸡白痢、鸡伤寒和鸡副伤寒。

沙门氏菌属是一大属血清学相关的革兰氏阴性杆菌，共有3 000多个血清型。禽沙门氏菌病依据其病原体不同可分为五种类型。由鸡白痢沙门氏菌所引起的称为鸡白痢，由鸡伤寒沙门氏菌引起的称为禽伤寒，而其他有鞭毛能运动的沙门氏菌所引起的禽类疾病则统称为禽副伤寒。禽副伤寒的病原体包括很多血清型的沙门氏菌，其中以鼠伤寒沙门氏菌、肠炎沙门氏菌最为常见，其次为德尔卑沙门氏菌、海德堡沙门氏菌、纽波特沙门氏菌、鸭沙门氏菌等。诱发禽副伤寒的沙门氏菌能广泛地感染各种动物和人类。因此，在公共卫生上也有重要意义。

一、临床症状与病理变化

1. 鸡白痢（图2-17至图2-33）

是雏鸡的一种急性、败血性传染病。2周龄以内的雏鸡发病率和死亡率都很高，成年鸡多呈慢性经过，症状不典型，但带菌种鸡可通过种蛋垂直传播给雏鸡，还可通过粪便水平传播。大多通过带菌的种蛋进行垂直传播。如果孵化了带菌的种蛋，雏鸡出壳1周内就可发病死亡，对育雏成活率影响极大。育成期虽有感染，但一般无明显临床症状，种鸡场一旦被污染，很难根除。

感染种蛋孵化时，一般在孵化后期或出雏器中可见到已死亡的胚胎和即将垂死的弱雏。

早期急性死亡的雏鸡，一般不表现明显的临床症状；3周以内的雏鸡临床症状比较典型，表现为怕冷、尖叫、两翅下垂、反应迟钝、减食或废绝，排出白色糊状或白色石灰浆状的稀粪，有时粘附在泄殖腔周围。因排便次数多，肛门常被黏糊封闭，影响排粪，常称"糊肛"，病雏排粪时感到疼痛而发出尖叫声。鸡白痢病鸡还可出现张口呼吸症状。

有的可见关节肿大，行走不便，跛行，有的出现眼盲。其引起的发病率与死亡率从很低到80%~90%不等，2~3周龄时是其高峰，3或4周龄以后，虽有发病，但很少死亡，表现为拉白色粪便，生长发育迟缓。康复鸡能成为终身带菌者。

图2-17 病鸡羽毛蓬乱、缩头、无神

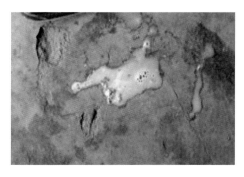

图2-18 病鸡排出石灰浆样稀粪

雏鸡白痢病死鸡呈败血症经过，鸡只瘦小，羽毛污秽，肛门周围污染粪便、脱水、眼睛下陷、脚趾干枯。卵黄吸收不全；心包增厚，心脏上常可见灰白色坏死小点或小结节肉芽肿；肝脏肿大，并可见点状出血或灰白色针尖状的灶性坏死点；胆囊扩张，充满胆汁；脾脏肿大，质地脆弱；肺可见坏死或灰白色结节；肾充血或贫血褪色，输尿管显著膨大，有时个别在肾小管中有尿酸盐沉积。肠道呈卡他性炎症，特别是盲肠常可出现干酪样栓子。

图 2-19　病雏张口呼吸

图 2-20　糊肛

图 2-21　心脏上的黄色米粒大小的坏死灶

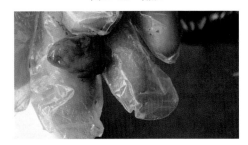

图 2-22　心肌变性

图 2-23　心脏肉芽肿、变性

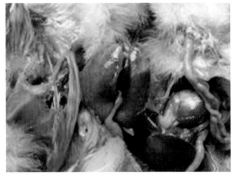

图 2-24　病鸡瘦弱，肝脏上有密集的灰白色坏死点

图 2-25　肝脏表面的灰白色坏死灶

图 2-26　肺瘀血、肉变

图 2-27　肺脏出血

图 2-28　肺坏死性结节

图 2-29　脾脏肿胀、出血、坏死

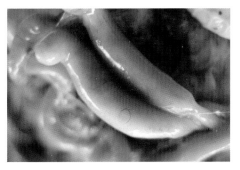

图 2-30　慢性白痢引起盲肠肿大，形成肠芯

图 2-31　慢性雏鸡白痢引起盲肠肿，
　　　　　内有干酪样物

图 2-32　胰脏和小肠外形成肉芽肿

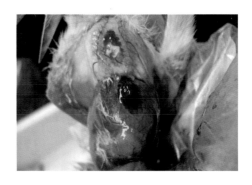

图 2-33　卵黄吸收不全

2. 鸡伤寒（图 2-34 至图 2-38）

鸡伤寒呈急性或慢性经过，各种日龄的鸡都可发生，毒力强的菌株引起较高死亡率，病鸡精神差，贫血，冠和肉髯苍白皱缩，拉黄绿色稀粪。肝、脾肿大，肝呈青铜色，有时肝表面有出血条纹或灰白色坏死点；肠道有卡他性炎症，肠黏膜有溃疡，以十二指肠较严重。

图 2-34　伤寒引起的肝脏肿大，青铜肝

图 2-35　肝脏肿大，表面有坏死灶

图 2-36　肝脏表面布满坏死灶

图 2-37　鸡伤寒引起肺部瘀血

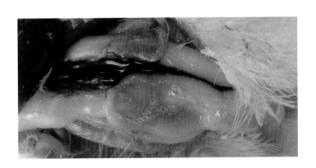

图 2-38　肠黏膜溃疡

3. 鸡副伤寒

主要发生于幼鸡,临床症状和病理变化基本同鸡白痢。多为急性或亚急性经过,有时死亡率很高,青年鸡和成年鸡多为慢性或隐性经过,病鸡嗜睡,畏寒,严重水样下痢,泄殖腔周围有粪便粘污,出血性肠炎。肠道黏膜水肿,局部充血和点状出血,肝肿大,有细小灰黄色坏死灶。

二、防治措施

加强实施综合性卫生管理措施,结合合理用药是防治本病的关键。种鸡应严格执行定期检疫与淘汰制度。种鸡在 140~150 天进行第一次白痢检疫,视阳性率高低再确定第二次普检时间,产蛋后期进行抽检,对检出白痢阳性鸡要坚决淘汰。收集的种蛋用甲醛熏蒸消毒后再送入蛋库贮存,种蛋进入孵化器后及出雏时都要再次消毒。

① 对雏鸡(开口时)可选用敏感的药物加入饲料或饮水中进行预防,防止早期感染。

② 保证鸡群各个生长阶段、生长环节的清洁卫生,杀虫防鼠,防止粪便污染饲料、饮水、空气、环境等。

③ 商品肉鸡要实行全进全出的饲养模式,推行自繁自养的管理措施。

④ 加强育雏期的饲养管理,保证育雏温度、湿度和饲料的营养。

⑤ 治疗的原则是:抗菌消炎,提高抗病能力。可选择敏感抗菌药物预防和治疗,防止扩散。常用药物有庆大霉素、氟喹诺酮类、磺胺二甲基嘧啶等。

⑥ 在饲料中添加微生态制剂,利用生物竞争排斥的现象预防鸡白痢。常用的商品制剂有促菌生、强力益生素等,可按照说明书使用。

⑦ 使用本场分离的沙门氏菌制成油乳剂灭活苗,做免疫接种。

⑧ 种鸡场必须适时地进行检疫，检疫的时机以 140 日龄左右为宜，及时淘汰检出的所有阳性鸡。种蛋入孵前要熏蒸消毒，同时要做好孵化环境、孵化器、出雏器及所有用具的消毒。

第三节　梭菌性疾病

侵害肉鸡的梭菌叫梭状芽孢杆菌，属厌气性菌，以形成芽孢并产生毒素为特征。其特定细菌感染可引起肉鸡的多种疫病。临床上主要有溃疡性肠炎、坏死性肠炎和肉毒梭菌症等。

一、溃疡性肠炎

溃疡性肠炎是由大肠梭状芽孢杆菌（又称肠梭菌）引起的一种肉鸡的急性细菌性传染病。其特征是突然发病，迅速大量死亡。本病常与球虫病并发，或继发于球虫病、再生障碍性贫血、传染性法氏囊病及应激因素之后。

肉鸡溃疡性肠炎在门诊中并不常见，只是在炎热的夏季偶有发生，如果不给予及时有效的治疗，死亡率较高。

自然情况下，本病主要通过粪便传播。急性死亡的肉鸡几乎不表现明显的临床症状。稍慢者可见精神沉郁，羽毛松乱，排出白色水样粪便。病程持续 1 周以上者，可见病鸡无力、消瘦、胸肌萎缩，常可自愈。

死亡病鸡一般肝脏肿大呈砖红色，表面散布粟粒至绿豆大黄白或灰白色坏死点。脾脏肿大出血。十二指肠及空肠前段内被覆白色糠麸样伪膜，刮去可见黏膜有环状或片状坏死灶。盲肠扁桃体和直肠出血。

治疗时，可用复方乙酰甲喹 100 克/200 升饮水；小苏打 0.5% 拌料；维生素 K_3 添加剂拌料；连用 3 天。同时结合圈舍卫生清理、环境消毒等措施。

二、坏死性肠炎

本病的病原为 A 型产气荚膜梭状芽孢杆菌，又称魏氏梭菌。在正常的动物肠道就有魏氏梭菌，它是多种动物肠道的寄居者，因此，粪便内就有它的存在，粪便可以污染土壤、水、灰尘、垫料、一切器具等。本病经常与小肠球虫病并发或继发，且一般的药物和常规剂量难以产生疗效。受各种应激因素的影响，如饲料中蛋白质含量的增加，肠黏膜损伤，口服抗生素，污染环境中魏氏梭菌的增多等都可造成本病的发生与流行。以严重消化不良、生长发育停滞，排红褐色乃至黑褐色煤焦油样稀粪为特征。

本病显著的流行特点是，在同一区域或同一鸡群中反复发作，断断续续地出现病死鸡和淘汰鸡，病程持续时间长，可直至该鸡群上市。

本病主要侵害 2~5 周龄地面平养的肉鸡，2 周龄以内的雏鸡也可发病。病鸡表现明显的精神沉郁，闭眼嗜睡，食欲减退，腹泻，羽毛粗乱无光、易折断。病鸡生长发育受阻，排黑色、灰色稀便，有时混有血液。与小肠球虫病并发时，粪便稍稀呈柿黄色或间有肉样便。病程稍长，有的出现神经症状。病鸡翅腿麻痹，颤动，站立不起，瘫痪，双翅拍地，触摸时发出尖叫声。

眼观病变仅限于小肠，特别是空肠和回肠，部分盲肠也可见病变（图 2-39 至图 2-43）。肠壁脆弱、扩张，充满气体，肠黏膜附着疏松或致密伪膜，伪膜外观呈黄色或绿色。肠壁浆膜层可见出血斑，有的毛细血管破裂呈紫红色。黏膜出血深达肌层，时有弥漫性出血并发生严重坏死。与小肠球虫病并发时，肠内容物呈柿黄色，混有碎的小血凝块，肠壁有大头针帽样出血点或坏死灶。

图 2-39　回肠中有未消化的饲料颗粒

图 2-40　肠壁变薄，肠腔胀气

图 2-41　空肠坏死，出血，呈紫红色

第二章　常见细菌病

51

图 2-42　肠黏膜附着致密伪膜

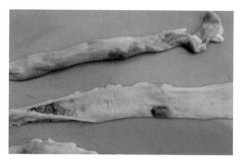

图 2-43　回肠黏膜肌层出血

在临床上，容易将鸡坏死性肠炎和鸡的小肠球虫病混淆，认为有血痢便是球虫病，但使用抗球虫药却收不到理想效果。其实，急性鸡坏死性肠炎和鸡球虫病的主要区别并不在于血痢，最重要的鉴别点是：坏死性肠炎仅小肠的中后段病变，肠管因充气而明显膨胀增粗 1~2 倍，其他肠段无明显变化；而小肠球虫病的病变主要在中段，但肠壁明显增厚，剪开病变肠段出现自动外翻等。此外，还须综合临床症状、病原学检查来作出鉴别诊断。

治疗时，首先对鸡舍进行常规消毒，隔离病鸡。选择敏感药物，如杆菌肽、青霉素、泰乐菌素、盐霉素等，全群饮水或混饲给药。因肠道梭菌易与鸡小肠球虫病混合感染，故一般在治疗过程中，要适当加入一些抗球虫药。

三、肉毒梭菌症

又叫软颈病。病原为肉毒梭菌，是肉鸡吃了含有肉毒梭菌产生的外毒素而引起的一种中毒病。

发生本病时，肉鸡腿、颈、翅以及眼睑软弱麻痹。麻痹现象从腿部开始到翅、颈和眼睑，颈部麻痹故又称"软颈症"，麻痹由四肢末梢向中枢神经发展。全身痉挛、抽搐、卧地。慢性的不爱活动，嗜睡，有时发生下痢。头颈、两翅下垂，闭眼，流泪，不食。最后因心脏和呼吸衰弱，昏迷死亡。剖检，所有肠道出血、充血，肺水肿，咽喉和会厌的黏膜有黄色覆盖物，有出血点。

预防本病，要着重清除环境中肉毒梭菌及其毒素的潜在源，及时清除死鱼、烂虾、死禽和淘汰病禽，被病禽污染的一切用具均应彻底消毒并灭蝇。

只能对症治疗，补充维生素 E、硒、维生素 A、维生素 D_3 等有一定疗效。链霉素（1 克 / 升水）应用可降低死亡率。亦可用胶管投轻泻剂（硫酸镁或蓖麻油）排除毒素，并喂糖水。

第四节　传染性鼻炎

鸡传染性鼻炎是由副鸡嗜血杆菌引起的一种急性呼吸道传染病，多发生于阴冷潮湿季节。主要是通过健康鸡与病鸡接触或吸入了被病菌污染的飞沫而迅速传播，也可通过被污染的饲料、饮水经消化道传染。

一、发病情况

副鸡嗜血杆菌对各种日龄的鸡群都易感，但雏鸡很少发生。在发病频繁的地区，发病正趋于低日龄，多集中在35~70日龄。一年四季都可发生，以秋冬季、春初多发。可通过空气、飞沫、饲料、水源传播，甚至人员的衣物鞋子都可作为传播媒介。一般潜伏期较短，仅1~3天。

二、临床症状及剖检变化（图2-44至图2-46）

传染性鼻炎主要特征有喷嚏、发烧、鼻腔流黏液性分泌物、流泪、结膜炎、颜面和眼周围肿胀和水肿。发病初期用手压迫鼻腔可见有分泌物流出；随着病情进一步发展，鼻腔内流出的分泌物逐渐黏稠，并有臭味；分泌物干燥后于鼻孔周围结痂。病鸡精神不振，食欲减少，病情严重者引起呼吸困难和啰音。

传染性鼻炎的病理变化在感染后20小时即可发现，鼻腔、窦黏膜和气管黏膜出现急性卡他性炎症，充血、肿胀、潮红，表面覆有大量黏液，窦内有渗出物凝块或干酪样坏死物；眼部经常可见卡他性结膜炎；严重时可见肺炎和气囊炎。

图2-44　眼部肿胀、卡他性结膜炎

图2-45　窦腔内渗出物凝块，干酪样坏死物

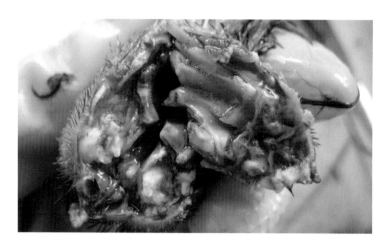

图2-46　窦腔内渗出物凝块，干酪样坏死物

三、防治措施

1.规范鸡群周转计划

副鸡嗜血杆菌对一般消毒药均敏感，容易杀灭，且离开鸡体后很快死亡。如果鸡舍有足够的空舍时间，鸡舍内副鸡嗜血杆菌的存活率将大大降低，所以应尽量延长空舍时间。

2.加强环境卫生和带鸡消毒工作

每天勤打扫舍内外环境卫生，及时清理落叶、杂草和污物；每天带鸡消毒两次，保证全面彻底，不留死角，有效减少环境中的病原含量。

3.改进饲养管理

雏鸡阶段加强通风，将进风口的开启时间根据季节灵活掌握，协调好保温与通风的关系；增大湿度，1~7天湿度控制在65%，8~21天控制在50%~60%，以后维持在40%~50%。如果粪板离鸡体太近或采用人工清粪的方式则极易诱发呼吸道疾病，从而进一步诱发鼻炎，需对这种饲养管理方式进行改进。

4.对于疫病高发期或风险较大区，坚持接种疫苗

根据本场实际情况选择适合的厂家的传染性鼻炎灭活疫苗，问题严重时可利用本场毒株制作自家苗有的放矢地进行防治。

5.药物预防与治疗

因病菌潜伏期较短，当发现鸡群有流鼻汁或肿脸症状时，马上采取措施。首先对病鸡进行处理，及时将病鸡挑出，隔离（放在下风口）并加以个体治疗。同时大

群开始投喂抗生素，如环丙沙星、恩诺沙星等1~2个疗程，每疗程4~6天，可按具体效果决定。特别注意喂料的顺序，必须最后给病鸡喂料，防止病菌通过饲料传播给健康鸡群。病愈鸡在新鸡进入前要及时淘汰。

如果病情严重，病鸡已达到全群的10%左右时，全群开始口服或注射敏感药。口服或注射敏感药一定要掌握好时间，使用过早易复发，可采用低剂量、延长治疗时间的方案（7天左右）。如果口服或注射完敏感药后个别鸡只有复发现象，数量较少时可及时挑出个体治疗；若复发病鸡较多，可考虑再次投喂抗生素一个疗程。经过这样治疗鼻炎基本可以得到控制。

第五节　鸡支原体病（慢性呼吸道病）

鸡支原体病又名慢性呼吸道病，是由败血支原体引起的肉鸡的一种接触性、慢性呼吸道传染病。其特征是上呼吸道及邻近的窦黏膜炎症，常蔓延到气囊、气管等部位。表现为咳嗽、鼻涕、气喘和呼吸杂音。本病发展缓慢，又称败血霉形体病。

一、发病情况

本病的传播方式有水平传播和垂直传播，水平传播是病鸡通过咳嗽、喷嚏或排泄物污染空气，经呼吸道传染，也能通过饲料或水源由消化道传染，也可经交配传播。垂直传播是由隐性或慢性感染的种鸡所产的带菌蛋，可使14~21日龄的胚胎死亡或孵出弱雏，这种弱雏因带病原体又能引起水平传播。

本病在鸡群中流行缓慢，仅在新疫区表现急性经过，当鸡群遭到其他病原体感染或寄生虫侵袭时，以及影响鸡体抵抗力降低的应激因素，如预防接种、卫生不良、鸡群过分拥挤、营养不良、气候突变等均可促使或加剧本病的发生和流行。带有本病病原体的幼雏，用气雾或滴鼻的途径免疫时，能诱发致病。若用带有病原体的鸡胚制作疫苗时，则能造成疫苗的污染。本病一年四季均可发生，但以寒冷季节流行较严重。

二、临床症状和病理变化（图2-47至图2-61）

本病的潜伏期，人工感染为4~21天，自然感染可能更长。

1. 临床症状

① 病鸡先是流稀薄或黏稠鼻液，打喷嚏，鼻孔周围和颈部羽毛常被沾污。其后炎症蔓延到下呼吸道，即出现咳嗽、呼吸困难、呼吸有气管啰音，夜间比白天听得更清楚，严重者，呼吸啰音很大，似青蛙叫。

图 2-47　精神沉郁，张口呼吸

图 2-48　鼻窦、眶下窦卡他性炎症及黄色干酪样物

② 病鸡食欲不振，体重减轻消瘦；到了后期，继发鼻炎、窦炎和结膜炎，鼻腔和眶下窦中蓄积多量渗出物，可见颜面（眼睑、眶下窦）肿胀，发硬，眼部突出如"金鱼眼"。眼球受到压迫，发生萎缩和造成失明，可以侵害一侧眼睛，也可能两侧同时发生。

图 2-49　眼炎，眶下窦肿胀

图 2-50　头部皮下形成黄色干酪样物

③ 易与大肠杆菌、传染性鼻炎、传染性支气管炎混合感染，从而导致气囊炎、肝周炎、心包炎，增加死亡率。若无病毒和细菌并发感染，死亡率较低。

2. 病理变化

肉眼可见的病变主要是鼻腔、气管、支气管和气囊中有渗出物，气管黏膜常增厚。胸部和腹部气囊的变化明显，早期为气囊膜轻度浑浊、水肿，表面有增生的结节病灶，外观呈念珠状。随着病情的发展，气囊膜增厚，囊腔中含有大量干酪样渗出物，有时能见到一定程度的肺炎病变。在严重的慢性病例，眶下窦黏膜发炎，窦腔中积有浑浊黏液或干酪样渗出物，炎症蔓延到眼睛，往往可见一侧或两侧眼部肿大，眼球破坏，剥开眼结膜可以挤出灰黄色的干酪样物质。病鸡严重者常发生纤维素性或纤维素性化脓性心包炎、肝周炎和气囊炎，此时经常可以分离到大肠杆菌。出现关节症状时，尤其是跗关节，关节周围组织水肿，关节肿大。

图 2-51　肺脏出血性坏死

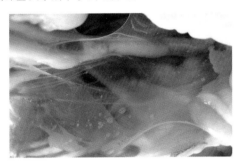

图 2-52　气囊泡沫状分泌物

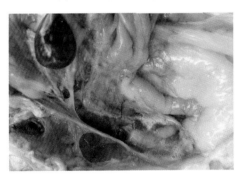

图 2-53　纤维素性腹膜炎

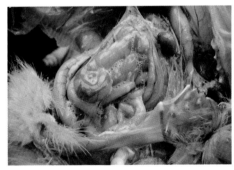

图 2-54　腹膜上有泡沫样液体

图 2-55　纤维素性心包炎、肝周炎

图 2-56　气囊上有黄色干酪样物

图 2-57 气囊浑浊，有黄色干酪样物

图 2-58 气管内形成栓塞

图 2-59 气管内形成的黄色栓塞

图 2-60 跗关节肿大

图 2-61 趾关节肿大

三、防治措施

1. 切断传染病源

病禽痊愈后多带菌，又可通过卵垂直感染，一旦发生即很难根除。因此应从无病鸡场引种，加强消毒工作，切断传染病源。种鸡场应建立没有本病的"净化"鸡群，给种鸡使用抗生素可降低感染率，孵化前对种蛋采用"温差法"（种蛋加热到

37.8℃后浸入2~4℃ 400~3000毫克/千克抗生素溶液中）使药液通过卵壳进入卵内；也可使用加热法，即在孵化器中12~14小时内将卵内温度逐渐升到46.3℃，然后降至孵化温度进行孵化，这些方法可明显降低种蛋的带菌率。孵出的1日龄雏鸡可用抗生素滴鼻，3~4周龄再重复1次。在2、4、6月龄时进行血清学检查，淘汰阳性鸡，将无病鸡群隔离饲养作种用，并对其后代继续观察。

2. 合理用药减少损失

抗生素只能抑制支原体在机体内的活力，单靠治疗不能消灭本病。链霉素、四环素、土霉素、红霉素、泰乐菌素、螺旋霉素、壮观霉素、卡那霉素、支原净等对鸡毒支原体都有效，但易产生耐药性。选用哪种药物，最好先做药敏试验，也可轮换或联合使用药物。抗菌药物可采用饮水或注射的方法施药，有的也可添加于饲料中。

3. 疫苗接种

疫苗有两种，弱毒活疫苗和灭活疫苗。目前，国际上和国内使用的活疫苗是F株疫苗。F株致病力极为轻微，给1日龄、3日龄和20日龄雏鸡滴眼接种不引起任何可见症状或气囊上变化，不影响增重。油佐剂灭活疫苗效果良好，能防止本病的发生并减少诱发其他疾病。

对其他传染性疾病进行预防接种活疫苗时，应严格选择无霉形体污染的疫苗。许多病毒性活疫苗中常常有致病性霉形体的污染，鸡由于接种这种疫苗而受到感染，所以选择无污染活疫苗也是一种极为重要的预防措施。

第六节　曲霉菌病

曲霉菌病又称霉菌性肺炎。曲霉菌菌落初长为白色致密绒毛状，菌落形成大量孢子后，其中心呈浅蓝绿色，表面呈深绿色、灰绿色甚至为黑色丝绒状。

一、发病情况

曲霉菌病是平养肉鸡常见的一种真菌性疾病，由曲霉菌引起，常呈急性暴发和群发性发生。主要危害20日龄内雏鸡。多见于温暖多雨季节，因垫料、饲料发霉或因雏鸡室通风不良而导致霉菌大量生长，雏鸡吸入大量霉菌孢子而感染发病。

一般来说，肉鸡发生霉菌常常因为与霉变的垫料、饲料接触或吸入大量霉菌孢子而感染。饲料的霉变多为放置时间过长、吸潮或鸡吃食时饲料掉到垫料中所引起，垫料的霉变更多的是木糠、稻壳等未能充分晒干吸潮而致。

二、临床症状

① 20 日龄内肉鸡多呈暴发，成鸡多散发。

② 精神沉郁，嗜睡，两翅下垂，食欲减少或废绝。伸颈张口，呼吸困难，甩鼻，流鼻液，但无喘鸣声（图 2-62）。

③ 个别鸡只出现麻痹、惊厥、颈部扭曲等神经症状。

图 2-62　呼吸困难，但无喘鸣声

三、病理变化（图 2-63 至图 2-71）

① 病变主要见于肺部和气囊，肺部见有曲霉菌菌落和粟粒大至绿豆大黄白色或灰白色干酪样坏死结节，其质地较硬，切面可见有层状结构，中心为干酪样坏死组织。

② 严重败血型病变，气囊可见有同心圆状的黄色坏死灶，甚至扩展到肝、心、肾和脾脏等器官。心包积液。严重时，肺部发炎。

图 2-63　肺部形成的霉菌斑

图 2-64　肺部形成豆腐渣样坏死灶

图 2-65　肺部形成豆腐渣样坏死灶

③气管支气管或肠浆膜、肝脏、肾脏等也发现霉菌病灶。

④食管形成假膜，肌胃角质层溃疡、糜烂。

⑤有神经症状的鸡，可见脑膜炎。

图 2-66　肺部黄白色干酪样坏死结节

图 2-67　肺部黄白色干酪样坏死结节

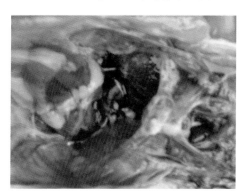

图 2-68　肺炎

图 2-69　食管假膜

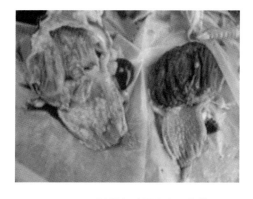

图 2-70　肌胃角质层溃疡、糜烂

图 2-71　心包积液

四、防控措施

1. 严禁使用霉变的米糠、稻草、稻壳等作垫料

米糠必须先在太阳下暴晒才能使用，30 日龄前最好不用米糠，如若有谷壳代替可不要用米糠。使用垫料前可先用福尔马林熏蒸消毒。

2. 防止使用发霉饲料

所取的饲料应该在一定的时间内鸡群要吃完（一般 7 天内），饲料要用木板架起放置，防止吸潮；料桶要加上料罩防止饲料掉下；垫料要常清理，把垫料中的饲料清除。

3. 严格做好消毒卫生工作，可用 0.4% 的过氧乙酸带鸡消毒

治疗前，先全面清理霉变的垫料，停止使用发霉的饲料或清理地上发霉的饲料，用 0.1%~0.2% 的硫酸铜溶液全面喷洒鸡舍，更换上新鲜干净的谷壳作垫料。饮水器、料桶等鸡接触过的用具全面清洗并用 0.1%~0.2% 的硫酸铜溶液浸泡。0.2% 硫酸铜溶液或 0.2% 龙胆紫饮水或 0.5%~1% 碘化钾溶液饮水，制霉菌素（100 粒 /1 包料）拌料，连用 3 天（每天一次），连用 2~3 个疗程，每个疗程间隔 2 天。注意控制并发或继发其他细菌病，如葡萄球菌等，可使用阿莫西林饮水。

第七节　白色念珠菌感染

肉鸡白色念珠菌病是由念珠菌引起的消化道真菌病，又叫消化道真菌病、鹅口疮或霉菌性口炎。

一、发病情况

本病的病原体是念珠菌属的白色念珠菌。随着病鸡的粪便和口腔分泌物排出体外，污染周围的环境、饲料和饮水；易感鸡摄入被污染的饲料和饮水而感染，消化道黏膜的损伤也有利于病原菌的侵入。本病也可以通过污染的蛋壳感染。恶劣的环境卫生及鸡群过分拥挤，饲养管理不良等，均可诱发本病。

本病多感染 2 月龄以内的鸡。雏鸡主要表现为生长不良、发育受阻、倦怠无神、羽毛松乱；采食量略降，饮水量增加，发病早期倒提时口中有酸臭黏液流出；嗉囊肿大，排绿色水样粪便。严重病例呼吸急促、下痢、脱水衰竭而死。

病变多位于消化道，尤其是嗉囊，黏膜表面散布有薄层疏松的褐白色坏死物（假膜）（图 2-72），并散布有白色、圆形隆起的溃疡灶，嗉囊内壁有白色絮状物（图 2-73 至图 2-75），表面易剥脱。此种病变也可见于口腔、咽及食道，口腔黏膜形成黄色、干酪样的溃疡状斑块。腺胃偶尔也受侵害，表面黏膜肿胀、出血，表面覆盖一层黏膜性或坏死性渗出物，肝脏表面奶油状分泌物（图 2-76），肌胃角质层溃烂。心冠脂肪消失，心包液有大量白色尿酸盐沉积（图 2-77）。

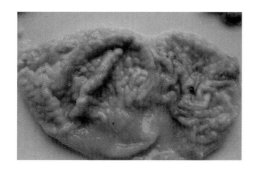

图 2-72　嗉囊增厚，内附白色假膜

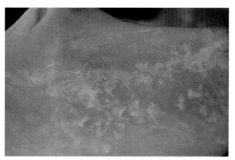

图 2-73　嗉囊内壁白色絮状物

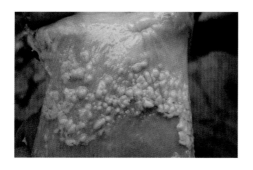

图 2-74　嗉囊内壁堆积絮状物

图 2-75　嗉囊内侧白色假膜

图 2-76　肝脏表面奶油状分泌物

图 2-77　心包液有大量白色尿酸盐沉积

二、防治措施

严禁使用霉变饲料与垫料，保持鸡舍清洁、干燥、通风。潮湿雨季，在鸡的饮水中加入 0.02% 结晶紫或在饲料中加入 0.1% 赤霉素，每周喂 2 次可有效预防本病。定期用 3%~5% 的来苏儿溶液对鸡舍、垫料进行消毒。

初期预防可选用硫酸铜，中、后期治疗可使用制霉菌素等。每千克饲料中添加制霉菌素 50~100 毫克，连喂 7 天，同时饮水中加入硫酸铜，连饮 5 天，可减轻病变的程度。

第三章

常见寄生虫病

第一节　球虫病

鸡球虫病是肉鸡业中危害最严重的疾病之一。当前，肉鸡球虫病的发生又有了许多新特点，临床表现也趋向于非典型化。临床治疗仍主要依赖于药物治疗，虽然辅助疗法也有一定的效果，但重视不够。面对市售抗球虫药的繁多品种，养殖户要谨慎选药，合理用药，加强饲养管理，进行综合防控，才能有效降低球虫病对肉鸡养殖业的危害。

一、球虫的致病性

球虫病是肉鸡生产中最常见的一种寄生性原虫病，由艾美耳属多种球虫寄生于鸡的肠上皮细胞内所引起。感染鸡的球虫有 7 种，分别为柔嫩、毒害、巨型、堆型、布氏、和缓和早熟艾美耳球虫。以柔嫩艾美耳球虫和毒害艾美耳球虫致病力最强，分别寄生于鸡的盲肠和小肠上皮细胞内，使肠黏膜组织受到严重损伤，并导致摄食和消化过程或营养吸收障碍。柔嫩艾美耳球虫生活史见图 3-1。

球虫的生活周期短，潜伏期 4~7 天，繁殖力非常强大，但球虫的各阶段虫体只限于肠黏膜及其邻近组织，鸡一次吃少量卵囊并不会产生大的危害。球虫进行孢子生殖的适宜温度为 20~28℃，湿度大于 20%，氧气充足，而所有鸡场恰好提供了这样的条件。

球虫给鸡群造成的危害可概括为 3 个方面：导致鸡只的大批量发病和死亡；阻碍鸡只正常的生长发育；降低饲料报酬。球虫对不同品种、年龄、性别的鸡表现出的致病性有所不同。一般而言，幼雏的易感性较大，大鸡少发病是因为其在幼龄时受小剂量重复感染而获得了可靠的免疫力，公雏的易感性高于母雏，品系越纯对球虫的易感性越高。

球虫与其他病原具有协同的致病作用，肠道细菌如大肠杆菌、沙门氏菌等对球虫的致病力有增强作用，球虫感染后，还可使机体对新城疫、法氏囊等疾病的易感性升高。

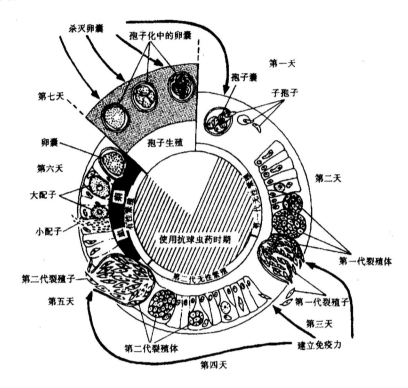

图 3-1　柔嫩艾美耳球虫生活史

二、肉鸡球虫病的发展趋势

1. 日龄超前化

目前，我国市场上的家禽用消毒产品均对球虫无效。常规的空舍消毒程序不能杀灭鸡舍内的球虫卵囊。对球虫卵囊有效的消毒措施是热碱水和酒精喷灯火焰消毒，这样的消毒措施不能进行带鸡消毒，而且由于腐蚀性强和易对器具损坏，在空舍消毒中也很少使用。球虫卵囊的抵抗力很强，一般在土壤内可存活 4~9 个月，在树荫下的土壤内生命力可达 15~18 个月。同时在温暖潮湿的季节和地区，卵囊发育很快，外界气温在 20~35℃时，只需 18~36 小时就可以形成孢子化。因此，鸡舍内球虫卵囊很难清除干净，从而使雏鸡在进入鸡舍第一天起就处于球虫感染的威胁之中。临床上表现为，低于 7~9 日龄的鸡群就会暴发球虫病。随着肉鸡养殖环境的恶化，低日龄肉鸡发病的现象越来越常见。

2. 发病常年化

过去，肉鸡的球虫病多发生于温暖潮湿的季节，但目前随着肉鸡养殖以密闭饲养为主方式的不断推广，育雏期温度较高，而且常常为了保温而忽视鸡舍内通风，从而导致湿度过高，这样的环境正适宜球虫的发育。因此，球虫病发生的季节性不再明显，一年四季都有发生。

3. 耐药普遍化

多年以来，肉鸡球虫病主要依靠药物来控制。由于养殖水平低，缺乏科学的用药指导，导致球虫产生普遍的耐药性。调查发现，在生产中常用的抗球虫药物（球净、地克珠利、氯羟吡啶、球痢灵、盐酸氨丙啉、盐酸氯苯胍、马杜霉素、拉沙霉素、盐霉素等）中，一半以上的虫株仅对1种药物敏感，超过80%的虫株对1种或2种药物敏感，而有些虫株对所有药物都不敏感。由此可见球虫的耐药性已非常普遍，能够选择有效治疗药物的余地越来越小，这也是很多地区球虫病难以控制的主要原因。

4. 症状温和化

肉鸡球虫病的温和型、非典型化感染越来越多，多数情况下不表现明显的临床症状，仅表现采食量降低、出栏时间延长、抗病力较差、饲料报酬低但不出现死亡，没有明显的血便症状。这时养殖户往往不认为鸡群中有球虫存在，等到大面积暴发时采取紧急措施，即使用药治疗得到控制而损失已经造成了。虽临床症状不明显，但其破坏肉鸡肠道黏膜细胞，影响肠道对营养物质的吸收，导致肉鸡饲料转化率降低、生长缓慢，甚至是进行性消瘦，严重影响养殖效益。

5. 感染多重化

肉鸡球虫病容易继发或并发肠道病原菌感染和病毒性疾病，球虫与肠道病原菌相互协同形成肉鸡肠道综合征。

三、肉鸡球虫病的症状及病变

（一）临床症状

① 地面平养鸡发病早期偶尔排出带血粪便，并在短时间内采食加快，随着病情发展血便增多。

② 病鸡精神沉郁，羽毛松乱，食欲减退，饮欲增加，两翅下垂，鸡冠、肉髯颜色苍白，闭眼似睡，缩做一团（图3-2），靠近热源或蹲伏于墙边，死亡率逐渐增多。

③ 笼养鸡、网上平养鸡常感染小肠球虫，呈慢性经过，病鸡消瘦，间歇性下痢，羽毛松乱，闭眼缩做一团，采食量下降，排出未被完全消化的饲料粪，粪便混有血色丝状物或肉芽状物，胡萝卜丝样物或西瓜瓤样稀粪。

图 3-2　病鸡精神不振，双翅下垂，闭目缩颈

图 3-3　鸡冠、肉髯苍白贫血

④ 全身贫血，冠、髯、皮肤颜色苍白（图 3-3 至图 3-5）。

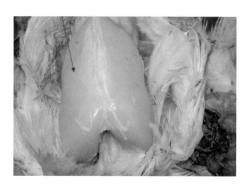

图 3-4　全身贫血，胸肌发白

图 3-5　肌肉苍白，消瘦，贫血

⑤ 尾部羽毛被血液或暗红色粪便污染（图 3-6 至图 3-11）。

图 3-6　泄殖腔周围被血便污染

图 3-7　柔嫩艾美耳球虫多见于幼鸡
　　　　排出血便，死亡率高

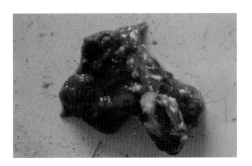

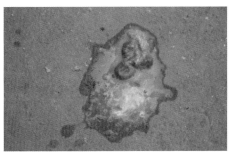

图 3-8　料粪中带有血丝　　　　图 3-9　下痢，排出胡萝卜丝样稀粪

图 3-10　下痢，排出暗红色粪便　　　图 3-11　下痢，排出西红柿样稀便

（二）病理变化（图 3-12 至图 3-27）

① 柔嫩艾美耳球虫感染时，见两侧盲肠显著肿大，增粗，外观呈暗红色或紫黑色，内为暗红色血凝块或血水，并混有肠黏膜坏死物质；肠壁的浆膜面上可见灰白色出血斑点；盲肠壁增厚。

② 毒害艾美耳球虫感染时，主要损害小肠的中前段。肠管增粗，肠壁增厚，有严重坏死，肠壁黏膜面上布有针尖大小出血点，肠浆膜面上有明显的淡白色斑点。小肠后段肠壁脆弱，肠管扩张，充满气体和黏液，肠黏膜上附有疏松或致密的黄色或绿色假膜，有时可见肠壁出血。有时可形成肠套叠。

③ 巨型艾美耳球虫感染时，损害整个小肠，可使肠管扩张，肠壁增厚，内容物黏稠呈淡红色。

④ 堆型艾美耳球虫感染时，在小肠前半段有白色病变，水肿。并且同一段的虫体常聚集在一起，在被损伤肠段出现大量淡白色斑点或斑纹。

⑤ 哈氏艾美耳球虫感染时，损伤小肠前段，肠壁上出现小米粒大小的出血点，黏膜水肿和严重出血。

3-12 盲肠肿大，增粗，出血，暗红

图 3-13 盲肠肿大，呈紫茄子样

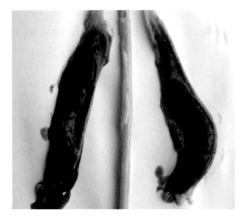

图 3-14 盲肠内暗红色血凝块

图 3-15 盲肠内的凝血块

图 3-16 肠管增粗，浆膜面上有明显的
淡白色麸皮样斑点

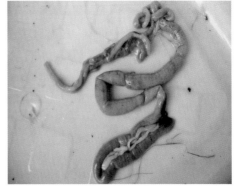

图 3-17 肠管扩张，充满气体和黏液

图 3-18 肠黏膜上致密的麸皮样黄色假膜，
肠壁增厚，剪开自动外翻

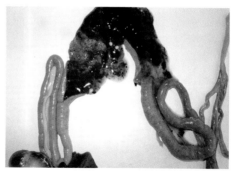

图 3-19 空肠肿胀，出血，
浆膜面布满灰白色坏死灶

图 3-20 肠管肿胀出血，浆膜面布满出血点

图 3-21 肠管扩张，浆膜面布满出血斑点，
内容物呈淡红色

图 3-22 小肠肿胀，肠套叠

图 3-23 小肠肿胀、肠壁增厚，
剪开自动外翻，内有血凝块

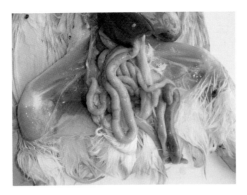

图 3-24　十二指肠肿胀，表面有出血点；
　　　　　盲肠肿胀出血

图 3-25　小肠增生，浆膜外有点状坏死

图 3-26　回肠后段浆膜面上密布的出血点

图 3-27　小肠浆膜外点状出血

四、防治措施

（一）预防是控制肉鸡球虫病的重要措施

1. 空鸡舍消毒程序中要有针对球虫的消毒措施

空鸡舍在进行完常规消毒程序后，应用酒精喷灯对鸡舍的混凝土、金属物件器具以及墙壁（消毒范围不能低于鸡群 2 米）进行火焰消毒，消毒时一定要仔细，不能有疏漏的区域。

对木质、塑料器具用 2%~3% 的热碱水浸泡洗刷消毒。对饲槽、饮水器、栖架及其他用具，每 7~10 天（在流行期每 3~4 天）要用开水或热碱水洗涤消毒。出入鸡场的车辆及人员要严格消毒，杜绝外来人员参观。

2. 推广网上平养模式

网上平养使鸡群几乎没有直接跟粪便接触的机会，因而可大大减少球虫病的发生，是控制球虫病最为理想的饲养模式。

3. 加强对垫料的管理

地面平养的鸡群应 5~7 天换一次垫料，新的垫料要在直射阳光下暴晒 2~3 天，保证垫料松软、干燥、无霉变、吸水性好。

4. 重视鸡舍管理

鸡舍保持清洁干燥，搞好舍内卫生，要使鸡舍内温度适宜，阳光充足，通风良好。严格控制鸡舍湿度，炎热的夏季慎用喷雾法降温。

5. 注意营养调控

加强饲养管理，供给雏鸡富含维生素的饲料，以增强鸡只的抵抗力，在饲料或饮水内要添加维生素 A 和维生素 K，这样可增强抗病力，减少死亡。

6. 做好定期药物预防工作

可以在 7 日龄首免新城疫后，选择地克珠利、妥曲珠利配合鱼肝油，将球虫在生长前期杀死。如有明显肠炎症状，可用地克珠利、妥曲珠利配合氨苄西林钠、舒巴坦钠、肠黏膜修复剂等治疗。在二免新城疫之前，若鸡群中有球虫病时，必须先治疗球虫病，再做新城疫免疫，防止引起免疫失败。10 日龄前，也可不予预防性投药，待出现球虫后再作治疗，可以使肉鸡前期轻微感染球虫，后期获得对球虫感染的抵抗力。

（二）辅助性治疗是控制本病的重要保护性措施

1. 保护肠道黏膜，促进肠黏膜的修复

修复和保护肠道黏膜，以提高鸡对球虫和其他病原微生物的抵抗力。如用次碳酸铋、活性炭、白陶土等收敛剂。补充维生素 A、维生素 E，保护黏膜系统。

2. 止血、消炎

止血可采用维生素 K_3、安络血等药物，采用硫酸安普霉素、丁胺卡那霉素、新霉素等抗菌药物，防止大肠杆菌等细菌性疾病的继发或并发。

3. 补充体液、消除自体中毒，调节体内电解质及酸碱平衡

饲料或饮水中添加电解质、多维素等。消除自体中毒可采取"先泻后复"的措施，先用泻药促进毒素及坏死黏膜的排出，然后再用肠道收敛剂止泻，修复肠黏膜。

4. 健肾利尿

当采用磺胺类药物治疗球虫病时，长期应用易造成肾脏严重损伤，引起肾肿、尿酸盐沉积、机能障碍等，可采用肾肿解毒中药、乙酰水杨酸、小苏打等药物配合治疗。

（三）药物治疗仍是当前控制本病的有效措施

1. 治疗原则

（1）选择合适的抗球虫药和最佳使用时机 为了更加合理地使用抗球虫药，必须了解目前使用的抗球虫药的功效和作用特点，对一种抗球虫药的效果评价应充分考虑到药物本身的抗球虫活性、抗球虫谱、作用峰期、毒副作用及成本等多种因素。不同种类的抗球虫药化学结构不同，发挥作用的机理也有所不同，导致抗球虫药的作用峰期分别处于球虫生命周期的特定阶段。根据不同抗球虫药物的作用峰期来选择所使用的药物和使用药物的时机，抗球虫作用峰期在感染后第1~2天的药物如喹啉类、氯羟吡啶、离子载体类多用于预防和早期治疗。作用峰期在感染后3~4天的药物多用于治疗（如甲基三嗪酮、氯苯胍、磺胺类、尼卡巴嗪、球痢灵、氨丙啉等）。在穿梭和轮换用药时，一般先用作用于第一代裂殖体的药物，再用作用于第二代裂殖体的药物。

（2）确定药物的有效成分和含量 目前市面上多数抗球虫药物使用的都是商品名，一些抗球虫药物不明确注明其有效化学成分和实际的有效含量，很多商品名不同的抗球虫药物其有效成分是相同的，例如加福、抗球王等抗球虫药物有效成分都是马杜霉素；球净、杀球宁的有效成分均为尼卡巴嗪；优素精、赛可喜的有效成分均为盐霉素等，并且其有效含量也各不相同。因此，在选用抗球虫药物时，应首先确定市售商品抗球虫药物的有效成分和有效含量，再进行合理的应用。

（3）根据具体情况和药物特点确定适当的使用浓度 如果抗球虫药物使用剂量过小，起不到应有的预防效果，反而易使球虫产生耐药性以致暴发球虫病；过量使用则可能产生不良作用，甚至中毒死亡。而由于鸡群的高密度饲养会导致球虫污染增大或因发生其他疾病影响药物摄入量时，增加用药浓度是必需的，因此在充分考虑不同抗球虫药的安全范围的前提下，可适当增加药物浓度。如氯苯胍和氨丙啉，当球虫对规定浓度产生耐药性时，采用高浓度时仍可有效。需要注意的是常山酮和多数离子载体类抗球虫药物的使用剂量已经非常接近鸡的中毒量，对这些药物而言增加浓度是不适宜的。例如，马杜霉素的常用剂量是5毫克/千克饲料，超过6毫克/千克时就会对鸡的生长有明显的抑制作用，使饲料利用率下降，超过7毫克/千克饲料的浓度混饲时，即可引起不同程度的中毒。因此，掌握好使用剂量是应用抗球虫药物的一个关键。

（4）通过合理的用药方案来延缓耐药性的产生　面对目前抗球虫新药开发缓慢的现状，延缓球虫耐药性的产生，延长现有抗球虫药物的使用寿命成为广大兽医工作者共同关注的话题。延缓耐药性产生的有效方法是将不同作用类型的抗球虫药有规律地交替使用，通过设计科学合理的用药方案来有效延缓耐药性的产生。在设计抗球虫药使用方案时，要充分考虑到球虫病的流行病学特点以及耐药虫株存在的普遍性和不同抗球虫药的作用特点、使用历史、过去使用的效果、不同产品耐药性的产生速度等。实践证明轮换用药、穿梭用药、联合用药等方法可有效地减缓和减少耐药性的产生。

2.治疗方法

对急性盲肠球虫病，以30%的磺胺氯吡嗪钠为代表的磺胺类药物是治疗本病的首选药物。按鸡群全天采食量每100千克饲料200克饮水，4~5小时饮完，连用3天。对急性小肠球虫病的治疗，复合磺胺类药物是治疗本病的首选药物，另外加治疗肠毒综合征的药物同时使用，效果更佳。对慢性球虫病，以尼卡巴嗪、妥曲珠利、地克珠利为首选药物，配合治疗肠毒综合征的药物同时使用，效果更好。对混合球虫感染的治疗，以复合磺胺类药物配合治疗肠毒综合征的药物饮水，连用2天，晚上用健肾、护肾的药物饮水。

第二节　卡氏住白细胞原虫病

鸡住白细胞原虫病是由住白细胞原虫属的原虫寄生于鸡的红细胞和单核细胞而引起的一种以贫血为特征的寄生虫病，俗称白冠病。主要由卡氏住白细胞原虫和沙氏住白细胞原虫引起。其中，卡氏住白细胞原虫危害最为严重。该病可引起雏鸡大批死亡，中鸡发育受阻，成鸡贫血。

该病的发生与蠓和蚋的活动密切相关。蠓和蚋分别是卡氏住白细胞原虫和沙氏住白细胞原虫的传播媒介，因而该病多发生于库蠓（图3-28）和蚋（图3-29）大量出现的温暖季节，有明显的季节性。一般气温在20℃以上时，蠓和蚋繁殖快，活动强，该病流行严重。我国南方地区多于4~10月份，北方地区多发生于7~9月份。

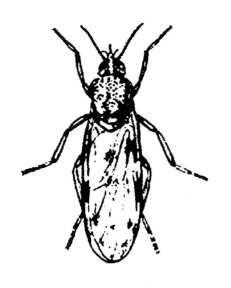

图 3-28 库蠓

图 3-29 蚋

一、发病情况

（一）临床症状

① 雏鸡感染多呈急性经过，病鸡体温升高，精神沉郁，乏力，昏睡；食欲不振，甚至废绝；两肢轻瘫，行步困难，运动失调；口流黏液，排白绿色稀便。

② 12~14 日龄的雏鸡因严重出血、咯血（图 3-32）和呼吸困难而突然死亡，死亡率高。血液稀薄呈水样，不凝固。

③ 消瘦、贫血、鸡冠和肉髯苍白（图 3-30，图 3-31）。鸡冠、肉髯上有小米

图 3-30 鸡冠苍白

图 3-31 鸡冠苍白，有暗红色针尖大出血点

粒大小梭状结节。

（二）病理变化（图 3-33 至图 3-42）

① 皮下、肌肉，尤其胸肌和腿部肌肉有明显的点状或斑块状出血，各内脏器官也呈现广泛性出血。

图 3-32　咯血

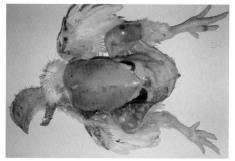

图 3-33　胸肌和腿肌上的点状或斑块状出血

图 3-34　胸肌上的点状出血，贫血

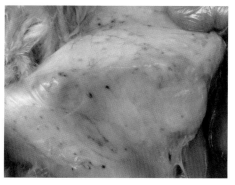

图 3-35　腿肌上的点状出血

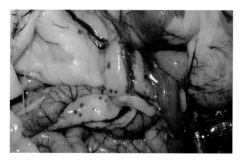

图 3-36　胰脏上隆起的结节性出血

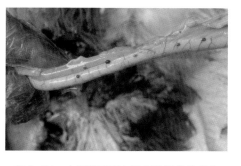

图 3-37　小肠浆膜面上隆起的结节性出血

②肝、脾明显肿大，质脆易碎，血液稀薄、色淡；严重的，肺脏两侧都充满血液；肾周围有大片血液，甚至在部分或整个肾脏被血凝块覆盖。

③肠系膜、心肌、胸肌或肝、脾、胰等器官，有住白细胞原虫裂殖体增殖形成的针尖大或粟粒大，与周围组织有明显界限的灰白色或红色小结节。

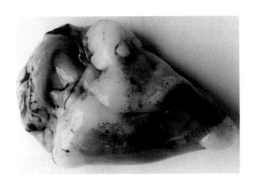

图 3-38　心尖上的灰白色结节

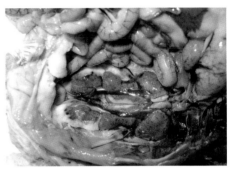

图 3-39　肾脏周围出血，不凝固

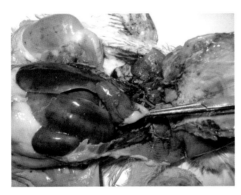

图 3-40　心脏上的灰白色梭状结节

图 3-41　肝脏上的出血

图 3-42　胸肌上有点状、隆起的出血

二、防治措施

1. 消灭昆虫媒介，控制螨和蚋是最重要的一环

要抓好三点：一是要注意搞好鸡舍及周围环境卫生，清除鸡舍附近的杂草、水坑、畜禽粪便及污物，减少螨、蚋孳生繁殖与藏匿；二是螨和蚋繁殖季节，给鸡舍装配细眼纱窗，防止螨、蚋进入；三是对鸡舍及周围环境，每隔 6~7 天，用 6%~7% 的马拉硫磷溶液或溴氰菊酯、戊酸氰醚酯等杀虫剂喷洒 1 次，以杀灭螨、蚋等昆虫，切断传播途径。

2. 对于病鸡应早期进行治疗

最好选用发病鸡场未使用过的药物，或同时使用两种有效药物，以避免有耐药性而影响治疗效果。可用磺胺间甲氧嘧啶钠按 50~100 毫克 / 千克饲料，并按说明用量配合维生素 K_3 混合饮水，连用 3~5 天，间隔 3 天，药量减半后再连用 5~10 天即可。

第三节　鸡组织滴虫病

鸡组织滴虫病又称盲肠肝炎、鸡黑头病，是鸡的一种急性原虫病。主要特征是盲肠出血肿大，肝脏有扣状坏死溃疡灶。

一、发病情况

病原为火鸡组织滴虫，为多样性虫体，大小不一。火鸡组织滴虫的生活史与异刺线虫和存在于鸡场土壤中的几种蚯蚓密切相关联。鸡盲肠内同时寄生着组织滴虫和异刺线虫，组织滴虫可钻入异刺线虫体内，在其卵巢中繁殖，异刺线虫卵可随鸡粪排到外界，成为重要的感染源，土壤中的蚯蚓吞食异刺线虫卵后，组织滴虫可随虫卵进入蚯蚓体内。当鸡吃到这种蚯蚓后，便可感染组织滴虫病。

鸡组织滴虫病常发生于 2 周至 4 月龄的鸡，散养优质肉鸡多见。本病的发生与盲肠内异刺线虫有关，蚯蚓作为搬运宿主具有传播作用。

病鸡精神不振，食欲减退，翅下垂，呈硫黄色下痢（图 3-43），或淡黄色或淡绿色下痢（图 3-44）。病鸡头部皮肤发绀，变成紫黑色，故称黑头病。病鸡主要表现为盲肠和肝脏严重出血坏死。盲肠的一侧或两侧发炎、坏死，肠壁增厚或形成溃

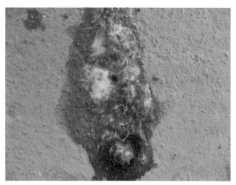

图 3-43　硫黄色下痢　　　　　　图 3-44　组织滴虫引起淡黄色或淡绿色下痢

疡，有时盲肠穿孔、引起全身性腹膜炎，盲肠表面覆盖有黄色或黄灰色渗出物，并有特殊恶臭（图 3-45 至图 3-48）。有时这种黄灰绿色干酪样物充塞盲肠腔，呈多层的栓子样。外观呈明显的肿胀和混杂有红灰黄等颜色。

图 3-45　盲肠肿胀　　　　　　　图 3-46　盲肠内形成的栓塞物

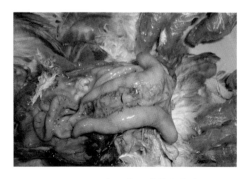
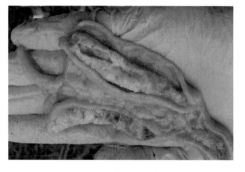

图 3-47　盲肠内形成黄色栓塞　　　图 3-48　盲肠壁增厚，内有干酪样栓塞

肝脏肿大，表面有特征性扣状（榆钱样）凹陷坏死灶（图3-49，图3-50）。肝出现颜色各异、不整圆形、稍有凹陷的溃疡状灶，通常呈黄灰色（图3-51），或是淡绿色。溃疡灶的大小不等，一般为1~2厘米的环形病灶，也可能相互融合成大片的溃疡区。大多数感染鸡群通常只有剖检足够数量的病死鸡只，才能发现典型病理变化。

图3-49　肝脏肿大，表面有扣状凹陷坏死灶

图3-50　肝脏肿大，表面有榆钱样坏死灶

图3-51　肝脏表面的黄灰色坏死灶

二、防治措施

加强饲养管理，建议采用笼养方式。用伊维菌素定期驱除异刺线虫。发病鸡群用0.1%的甲硝唑拌料，连用5~7天有效。

常见普通病

第一节　痛　风

　　鸡痛风病是由于鸡机体内蛋白质代谢发生障碍，使大量的尿酸盐蓄积，沉积于内脏或关节而形成的高尿酸血症。临床上以消瘦、关节肿大、运动障碍、消瘦和衰弱等症状为特征。主要特征是大量尿酸和尿酸盐在内脏器官或关节中沉积。

一、发病情况

　　肉鸡日粮中蛋白质过高，尤其是添加鱼粉，导致尿酸量过大；传染病如传染性支气管炎、传染性法氏囊炎等引起的肾脏损伤；育雏温度过高或过低、缺水、饲料变质、盐分过高、维生素 A 缺乏、饲料中钙磷过高或比例不当等都可成为致病的诱因。

　　患病鸡开始无明显症状，以后逐渐表现为精神萎靡（图 4-1），食欲不振，消瘦，贫血，鸡冠萎缩、苍白；泄殖腔松弛，不自主地排白色稀便，污染泄殖腔下部羽毛；关节型痛风，可见关节肿胀（图 4-2），瘫痪；幼雏痛风，出壳数日到 10 日龄，排白色粪便（图 4-3）。

图 4-1　病鸡精神萎靡

图 4-2　患有痛风的病鸡，爪部关节肿大

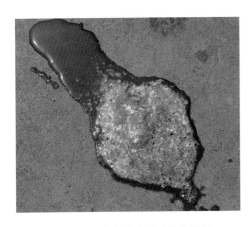

图4-3　夹杂有白色尿酸盐的粪便

图4-4　脚垫肿胀，有白色尿酸盐沉积

　　病死鸡心、肝脏、腹膜、脾脏及肠系膜等覆盖一层白色尿酸盐（图4-4至图4-15），似石灰样白膜；肾脏肿大、苍白，肾脏肿大3~4倍。肾小管内被沉积的灰白色尿酸盐扩张，单侧或两侧输尿管扩张变粗，输尿管中有石灰样物流出，有的形成棒状痛风石而阻塞输尿管。关节内充满白色黏稠液体，严重时关节组织发生溃疡、坏死。

图4-5　关节轻度肿胀，有白色尿酸盐沉积

图4-6　龙骨下大量尿酸盐沉积

图4-7　肠浆膜面的尿酸盐沉积

图4-8　肾脏肿胀，输尿管增粗，
内有大量尿酸盐沉积

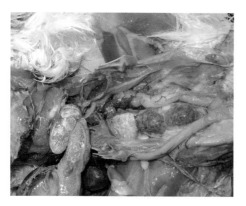

图 4-9　肾脏表面的尿酸盐沉积

图 4-10　内脏表面大量尿酸盐沉积

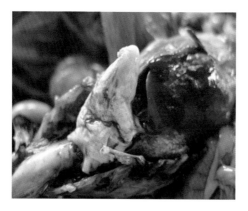

图 4-11　心包内大量尿酸盐沉积

图 4-12　心包内大量尿酸盐沉积

图 4-13　痛风导致内脏与胸壁粘连

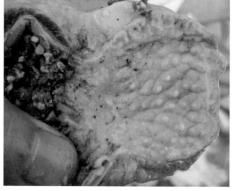

图 4-14　腺胃黏膜上的尿酸盐沉积

图 4-15 腹部脂肪上的尿酸盐沉积

二、防治措施

加强饲养管理，保证饲料的质量和营养的全价，尤其不能缺乏维生素 A；做好诱发该病的疾病防治；不要长期使用或过量使用对肾脏有损害的药物及消毒剂，如磺胺类药物、庆大霉素、卡那霉素、链霉素等。

治疗过程中，降低饲料中蛋白质的水平，饮水中加入电解多维，给予充足的饮水，停止使用对肾脏有损害作用的药物和消毒剂。饲料和饮水中添加阿莫西林、人工补液盐等，连用 3~5 天，可缓解病情。使用清热解毒、通淋排石的中药方剂，也有较好疗效。

第二节　痢菌净中毒

痢菌净学名乙酰甲喹，为兽用广谱抗菌药物，由于其价格低廉，且对大肠杆菌病、沙门氏菌病、巴氏杆菌病等都有较好的治疗作用，故在养鸡生产中被广泛应用。但是，由于养殖户对此药缺乏正确的认识，兽药生产厂家对含有乙酰甲喹的产品缺乏明显标识以及胡乱添加等原因，导致养鸡生产中因不明成分重复添加，造成添加过量，引起中毒的现象非常普遍。

一、中毒原因

一是搅拌不匀导致中毒，特别是雏鸡更为明显；二是计算错误或称重不准确，使药物用量过大而导致中毒；三是重复或过量用药，由于当前兽药品种繁多，很多品种未标明实有成分，致使两种药物合用加大了痢菌净的用量，造成中毒；四是个别养殖户滥用药，随意加大用药剂量导致中毒。

二、临床症状与病理变化

乙酰甲喹中毒造成的死亡率可达20%~40%，有的甚至达90%以上，且鸡日龄越小，对药物越敏感，给养鸡业造成的损失也就越大。

病鸡缩颈呆立，翅膀下垂，喙、爪发绀，不喜活动，常呆立，采食减少或废绝。个别雏鸡发出尖叫声，腿软无力，步态不稳，肌肉震颤，最后倒地，抽搐而死。病程随中毒程度不同而不同，本病刚开始中毒的特点是长得越快的鸡死亡率比例越高，观察临床表现时应注意这点。

死亡后的雏鸡全身脱水，肌肉呈暗紫色；腺胃肿胀，乳头出血，肌胃皮质层脱落、出血、溃疡；腺胃、腺胃与肌胃交界处陈旧性出血、糜烂；小肠中段局灶性出血；盲肠内有血样内容物（图4-16）。肺脏瘀血、肿大，肠道有弥漫性小出血点。肾脏出血，心脏松弛，心内膜及心肌有散在性的出血点。有极个别鸡盲肠壁还出现出血。刚中毒时解剖症状是腺胃和肌胃交界处有暗褐色坏死，到发病后期坏死更严重，有的从外面就能看见（图4-17至图4-21）。肝脏肿大（图4-22），呈暗红色，质脆易碎。该病发生后死亡速度很快，在免疫后第一天死亡猛增，第二、第三天死亡率可达到高峰，日死亡率有的高达15%。

图4-16 腺胃、腺胃与肌胃交界处 陈旧性出血、糜烂；小肠中段局灶性出血；盲肠内有血样内容物

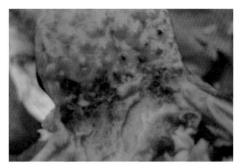

图4-17 腺胃乳头出血，肌胃腺胃交界处糜烂、出血

图 4-18　腺胃和肌胃交界处有暗褐色坏死

图 4-19　腺胃、腺胃和肌胃交界处的
　　　　　陈旧性出血、糜烂

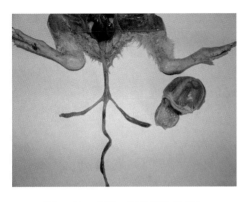

图 4-20　盲肠、结肠局灶性出血
　　　　腺胃肌胃交界处陈旧性出血

图 4-21　盲肠、结肠内局灶性出血，
　　　　腺胃肌胃交界处陈旧性出血

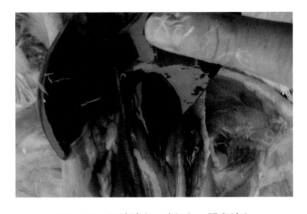

图 4-22　肝脏肿大，暗红色；胆囊肿大

第四章　常见普遍病

87

三、防治

本病的治疗原则是解毒、保肝、护肝、强心脱水。首选药物为 5% 葡萄糖和 0.1% 维生素 C，并且维生素 C 要在 0.1% 的基础上逐渐递减，同时要严禁用对肝和肾有副作用的药物以及干扰素类生物制品。

因痢菌净中毒没有特效解毒药，鸡只一旦中毒，死亡率高，病程较长，损失很大，停药后仍然陆续死亡，因此，在实际生产中应用痢菌净防治细菌性疾病时应特别慎重。

目前，由于痢菌净价格低廉，致使一些非正规药厂随意大量应用并隐含其成分，造成广大养殖户重复、过量用药，引起中毒。故广大用户应选用正规常规厂家生产的产品，并弄清含量，避免不必要的损失。

第三节　磺胺类药物中毒

磺胺类药物可分为 3 类：一类是易于肠道内吸收的，另一类是难以吸收的，第三类是局部外用的。其中以第一类中毒较易发生，常见的药物有磺胺噻唑、磺胺二甲嘧啶等。

中毒原因有四：一是长时间、大剂量使用磺胺类药物防治鸡球虫病、禽霍乱、鸡白痢等疾病；二是在饲料中搅拌不匀；三是由于计算失误，用药量超过规定的剂量；四是用于幼龄或弱质肉鸡，或饲料中缺乏维生素 K。

雏鸡比成年鸡更易患病，常发生于 6 周龄以下的肉鸡群。病鸡表现委顿、采食量减少、体重减轻或增重减慢，常伴有下痢。由于中毒的程度不同，鸡冠和肉髯先是苍白，继而发生黄疸。可造成大量死亡。

剖检，皮下胶冻样，出血，肌肉和内部器官出血，尤以胸肌、大腿肌明显，呈点状或斑状出血；肠道可见点状和斑块状出血，盲肠内含有血液；腺胃和肌胃角质层下可能出血；肝肿大、色黄，常有出血点和坏死灶；脾脏肿大、出血和灰色结节；心肌呈条纹状出血，并有灰色结节。肾脏肿大，土黄色，输尿管增粗，充满尿酸盐，肾盂和肾小管可见磺胺结晶。

具体症状及病理变化见图 4-23 至图 4-38。

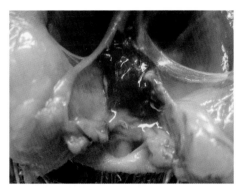

图 4-23　中毒鸡下痢

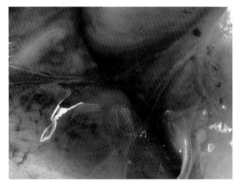

图 4-24　皮下胶冻样，出血

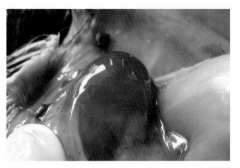

图 4-25　皮下胶冻样渗出

图 4-26　腿肌出血

图 4-27　腿肌出血

图 4-28　盲肠内出血

图 4-29　腺胃、肌胃交界处出血

图 4-30　肌胃、腺胃出血

第四章　常见普遍病

图 4-31　肌胃角质层下出血

图 4-32　肌胃角质层糜烂，出血

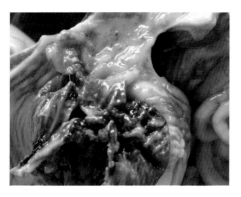

图 4-33　肌胃出血

图 4-34　肝脏肿大，土黄色

图 4-35　肝脏肿大，心肌出血

图 4-36　肝脏肿大，心肌出血

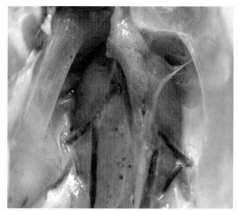

图 4-37　肾肿＋黄色　　　　　　　　图 4-38　中毒鸡群出现大批死亡

　　防治：使用磺胺类药物时用量要准确，搅拌要均匀；用药时间不应过长，一般不超过 5 天；雏鸡应用磺胺二甲嘧啶和磺胺喹噁啉时要特别注意；用药时应提高饲料中维生素 K_3 和 B 族维生素的含量；将 2~3 种磺胺类药物联合使用可提高防治效果，减慢细菌耐药性。

　　对发病的鸡立即停药，增加饮水量，在饮水中加入 1%~2% 的小苏打水和 5% 葡萄糖水，加大饲料中维生素 K_3 和 B 族维生素的含量；早期中毒可用甘草糖水进行一般性解毒，严重者可考虑通肾。

第五章

常见综合征与杂症

第一节　气囊炎

气囊炎的发生在近几年较为普遍和频繁，特别是肉鸡方面更为严重，一些养殖密集地区呈现发病重、病程长、致死率高、难以治疗的特点，特别是 15 日龄至出栏阶段比较常见，秋末冬初至来年春天这个时间，更为常见。

一、常见发病原因

首先应该指出的是，气囊炎只是一个症状，而并不是一个独立的病。现在，有不少兽医，在临床诊断时往往把发生气囊炎后的病简单地以气囊炎命名之。这一是说明我们对气囊炎本质问题的认识上有欠缺，二是对养殖户有搪塞的嫌疑。必须明白，气囊炎只是由于一些因素导致气囊发炎的一种表现，很多原因能引起气囊炎。

（一）病原

1. 流感病毒，引发气囊炎症

流感病毒是这些年来发生气囊炎的一个主导性病原，也是这些年气囊炎发病严重的一个主要原因。应该指出的是，现阶段流感病毒的危害比较严重，特别是温和型流感更加普遍。不过，H5 流感病毒对鸡群的危害更加严重，以前 H5 只在蛋鸡侵害比较常见，近几年 H5 在肉鸡上的危害也时常见到，这是我们应该重视的。

2. 大肠杆菌也是导致气囊炎发病的常见病原

有人说大肠杆菌和霉形体是姐妹病，有一种病原发病，另一种病原即可被激发起来导致发病，不无道理。

3. 支原体（霉形体）是导致气囊炎的最常见病原

单纯支原体发病，发生气囊炎的程度较轻，采取一般治疗有比较客观的效果，但恢复后遇到一些诱因出现和机体抵抗力下降时易复发。支原体是导致呼吸道病发生的基础病。

4. 传染性支气管炎病毒

十几天内发病的病例，发病率高、死亡率高、危害较大，气囊炎的发生比较严重，也经常导致支气管干酪样堵塞现象，给养殖造成很大影响。

5. 曲霉菌病

鸡的曲霉菌病发病肺部和气管瘀血、发黑发紫、灰白色，质地变硬，切面坏死，气囊发生炎症，表现气囊混浊，有霉菌结节形成。

这几年，鼻气管鸟杆菌的发病，在一些地区屡有报道，引起的气囊炎和肺炎现象比较严重，也导致心肺和气囊的炎性渗出，也是需要引起注意的一种重要传染病。

（二）环境、管理因素

1. 气候因素

气囊炎的发生主要集中于每年的 10 月份至翌年的 5 月份较多，这个时间段或是气候温差变化较大，或是室外气温较低，室内外温差较大，管理容易出问题。温差变化大极容易因为管理不当而造成冷应激，这也是造成呼吸道病发病的主要诱因之一。

2. 通风、密度和湿度的问题

养殖密度过大，长期不消毒，不定期清粪，通风不良，粉尘过多，室内空气质量下降，湿度小，呼吸道病发生概率增大，同时病原微生物通过呼吸侵入气囊而引起气囊炎。

3. 免疫抑制病的存在也是发生气囊炎的一个诱因

由于一些免疫抑制病如网状内皮增生症、马立克病、白血病、传染性贫血、法氏囊病等的存在，导致呼吸道黏膜免疫系统的免疫力下降，而使得一些病原容易侵入呼吸系统而导致气囊炎的发生。

二、临床表现

发生气囊炎时，鸡群呼吸急促甚至张口呼吸，皮肤及可视黏膜瘀血，外观发红、发紫，精神沉郁，死亡率上升。剖检可见气囊浑浊呈云雾状、泡沫样，

图 5-1　气囊浑浊

严重的干酪样物质渗出。严重病例，气囊变成一个外观看似实体器官的瘤状物，打开可以见到干酪样物质充满其中。气囊增厚，气囊上的血管变粗。心包炎，肝周炎；心包积液，有时出现胸腔积液。具体可见图5-1至图5-9。

图5-2　气囊变厚，有干酪样物

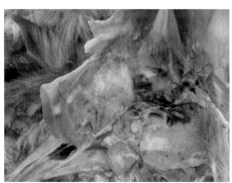

图5-3　气囊上的黄色干酪样物

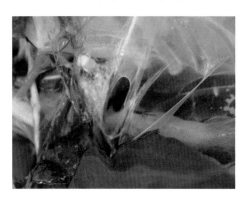

图5-4　气囊浑浊，云雾状

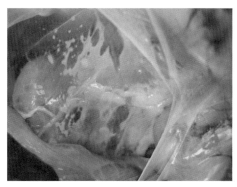

图5-5　气囊上的黄色干酪样物

图5-6　肺脏上的泡沫样渗出

图5-7　心包炎、肝周炎

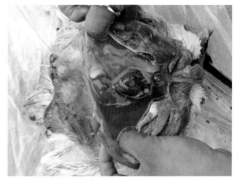

图 5-8 心包炎、心包积液   图 5-9 心包炎，胸腔积液

三、治疗

要对气囊炎进行有效治疗，首先应搞明白发生气囊炎的原因。如果只对气囊炎本身采取措施，不会取得很好的效果。

（一）治疗的基本原则

① 消除病因，对症治疗。针对气囊炎发生的原因采取相应的措施，如抗病毒、抗菌消炎，清热、化痰、平喘等。改善饲养环境，处理好通风与保温的矛盾。

② 加强饲养管理。生物安全措施的实施是防止传染病的根本措施。

③ 控制好免疫抑制病的发生也是控制气囊炎发生的一个重要方面。

④ 采取综合措施。不要只强调对气囊炎的单纯治疗，应重视对因治疗和全身治疗。

（二）用药方案

通过注射、饮水、拌料等途径治疗气囊炎，药物的吸收难以达到有效的血药浓度，对气囊上的微生物很难杀死，因此效果不很可靠。所以，在药物选择上，应该选用组织穿透能力强、血液浓度高、敏感程度高的药物作为首选药物。

使用气雾法用药能够使药物直达病灶，对气囊上的微生物予以直接杀灭。但气雾法用药应使用能调节雾滴粒子大小的专门的气雾机来进行，适宜大小的雾滴能够穿透肺脏而直到气囊。

第二节　肌腺胃炎

近几年来，肉鸡生产中出现了一种以生长发育不良、整齐度差、腺胃肿大如乒乓球，腺胃黏膜溃疡、脱落，肌胃糜烂为主要特征的传染病，大家习惯上称作传染性腺胃炎，目前没有确切的定论。发病后，没有特效的药物治疗，有一些治疗组方也只能缓解病情，很难在短时间内彻底治愈。鸡场一旦感染本病，损失很大。

一、流行特点

1. 腺胃炎可发生于不同品种、不同日龄的肉鸡

无季节性，一年四季均可发生，但以秋、冬季最为严重，多散发，流行广，传播快。在 7~10 日龄各品种雏鸡易感中，育雏室温度较低的鸡群更易发病，死亡率低，发病后其继发大肠杆菌、支原体、新城疫、球虫、肠炎等疾病，而引起死亡率上升。

2. 该病的发生可能有比较大的局限性（即发病多集中在一个地理区域）

可通过空气飞沫传播或经污染的饲料、饮水、用具及排泄物传播，与感染鸡同舍的易感鸡通常在 48 小时内出现症状。

3. 该病是一种综合征，也是一种"开关"式疾病，病因复杂（病原＋诱因）

该病的病原多是呈垂直传播的或污染马立克氏疫苗或鸡痘疫苗而传播的，在良好饲养管理下（无发病诱因时）不表现临床症状或发病很轻。当有发病诱因时，鸡群则表现出腺胃炎的临床症状；诱因越重、越多，腺胃炎的临床症状表现越重，诱因起到了"开关"的作用。

二、发病主要病因或诱因

1. 非传染性因素

（1）日粮中所含的生物胺（组胺、尸胺、组氨酸等）　日粮原料如堆积的鱼粉、玉米、豆粕、维生素预混料、脂肪、禽肉粉和肉骨粉等含有高水平的生物胺，这些生物胺都会对机体有毒害作用。

（2）饲料条件诱因　饲料营养不平衡（主要是饲料粗纤维含量高），蛋白低、维生素缺乏等都是本病发病的诱因。

（3）霉菌、毒素类 镰孢霉菌产生的 T2 毒素具有腐蚀性，可造成腺胃、肌胃和羽毛上皮黏膜坏死；桔霉素是一种肾毒素，能使肌胃出现裂痕；卵孢毒素能使肌胃、腺胃相连接的峡部环状面变大、坏死，黏膜被假膜性渗出物覆盖；圆弧酸可造成腺胃、肌胃、肝脏和脾脏损伤，腺胃肿大，黏膜增生，溃疡变厚，肌胃黏膜出现坏死。

2.传染性因素

① 鸡痘，尤其是眼型鸡痘（以瞎眼为特征的），是腺胃炎发病很重要的病因。临床发现，每年秋季的北方，是鸡痘发病比较严重的季节，腺胃炎发病也非常严重，很多鸡群都是先发生了鸡痘，后又继发腺胃炎，造成很高的死亡率，并且药物治疗无效。

② 不明原因的眼炎，如传染性支气管炎、各种细菌、维生素 A 缺乏或通风不良引起的眼炎，都会导致腺胃炎的发生。

③ 一些垂直传播的病原或污染了特殊病原的马立克氏病疫苗，很可能是该病发生的主要病原，如鸡网状内皮增生症、鸡贫血因子等。

三、临床症状与病理变化

本病潜伏期内，鸡群精神和食欲没有明显变化，仅表现生长缓慢和打盹。感染后，初期症状表现为缩头垂尾，羽毛蓬乱，有呼吸道症状，咳嗽、张口呼吸、有啰音，有的甩头，欲甩出鼻腔和口中的黏液，流眼泪、眼水肿，大群内可听见呼噜声；发病中后期，呼吸道症状基本消失，精神沉郁，畏寒，闭眼呆立，给予惊吓刺激后迅速躲开，缩头垂尾，乍毛，采食和饮水急剧减少，个别病鸡眼结膜浑浊不清，有的出现失明而影响采食。病鸡饲料转化率降低，排出白色、白绿色、黄绿色稀粪，油性鱼肠子样或烂胡萝卜样。少数病鸡排出绿色粪便，粪便中有未消化的饲料和黏液，沾污肛门周围羽毛。有的病鸡嗉囊内有积液，颈部膨大。病鸡渐进性消瘦，生产水平下降，少量病鸡可发生跛行，最终衰竭死亡。耐过鸡大小、体重参差不齐。病程一般为 8~10 天，死亡高峰在临床症状出现后 4~6 天。

病鸡腺胃肿大如球，呈乳白色。腺胃乳头呈不规则突出、变形、肿大、轻轻挤压可挤出乳状液体。肌胃内径变粗，长度缩短，外观有明显红、白相间的凝固性坏死灶或坏死斑，腺胃、肌胃连接处呈不同程度的糜烂、溃疡，肌胃壁肿胀。法氏囊萎缩，嗉囊扩张，内有黑褐色米汤样物。胸腺、脾脏严重萎缩。肠道前期肿胀，充血，呈暗红色，剖检肠壁外翻；后期黏膜脱离，易碎，变薄无物，肠道有不同程度的出血性炎症，内容物为含大量水的食糜。个别病死鸡有的盲肠扁桃体肿大出血，十二指肠轻度肿胀，空肠和直肠有不同程度的出血。胰腺萎缩，色泽变淡。具体可见图5-10至图5-28。

图5-10　鸡群整齐度差，面部苍白

图5-11　缩头垂尾，羽毛不整，
排白色鱼肠子样粪便

图5-12　病鸡瘫痪

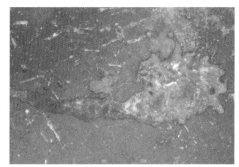

图5-13　稀薄的料粪

图5-14　雏鸡腺胃肿大

图5-15　肌胃壁增厚

图 5-16　肌胃壁增厚，腺胃水肿，
剪开自动外翻

图 5-17　腺胃肿大，肌胃角质层增厚、糜烂

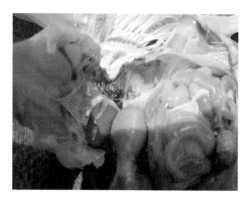

图 5-18　腺胃肿大，消化道贫血

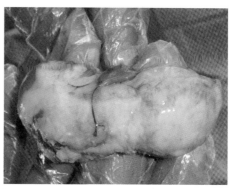

图 5-19　腺胃肿大如乒乓球

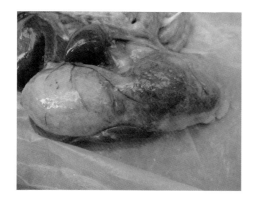

图 5-20　腺胃肿大

图 5-21　肌胃角质层糜烂

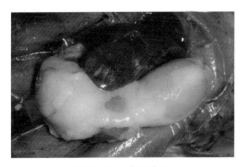

图 5-22　腺胃肿大

图 5-23　腺胃黏膜肿胀、变厚, 剪开自动外翻

图 5-24　腺胃肿大, 肌胃角质层增厚、糜烂

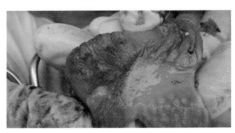

图 5-25　腺胃、肌胃交界处糜烂、溃疡, 肌胃萎缩

图 5-26　肌胃角质层糜烂

图 5-27　腺胃乳头水肿

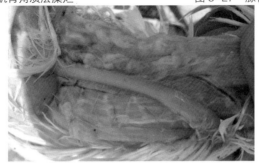

图 5-28　胸腺萎缩、褪色

四、防治措施

1. 严格执行生物安全措施

经常打扫鸡舍，搞好环境卫生，并加强对鸡舍和环境的卫生消毒，以有效地减少鸡群感染疫病的机会。注重鸡舍内通风换气，适度饲养，改善养鸡的环境条件，减少和杜绝应激因素，增强鸡群的抗病能力和免疫力。

2. 加强饲养管理

按鸡的不同生长阶段饲喂全价料，特别注意鸡饲料中粗蛋白质、维生素的供应。注重配制鸡饲料原料的品质，防范霉菌、毒素的隐性危害，尽可能减少鸡腺胃炎的诱因。

3. 免疫预防

根据当地养鸡疫病流行特点，结合本场的实际，科学制定免疫程序，并按鸡群生长的不同阶段，严格进行免疫接种。着重做好鸡新城疫、禽流感、传染性支气管炎、传染性法氏囊病的免疫接种，是防治鸡腺胃炎发生的重要手段之一。

4. 药物防治

①中西结合，中药木香、苍术、厚朴、山楂、神曲、甘草等分别粉碎过筛后，与庆大霉素、雷尼替丁同时使用，有较好效果。

②在饮水中添加 B 族维生素 + 青霉素（或头孢类）+ 中药开胃健胃口服液（严重个别鸡投西咪替丁）+ 干扰素。

第三节　肠毒综合征

肉鸡肠毒综合征又叫过料症，是商品肉鸡群普遍存在的一种以腹泻、粪便中含有未被消化的饲料、采食量明显下降、生长缓慢或体重减轻、脱水和饲料报酬下降为特征的疾病。地面平养肉鸡发病率高于网上平养。各年龄段，早至 7~10 天，晚至 40 多天均有发病。投服常规肠道药不能收到理想的效果，最后导致鸡群体弱多病，料肉比增高，后期伤亡率较大，大大提高了饲养成本。

一、症状和病理变化

最急性病例死亡很快，死前不表现任何临床症状，死后两脚直伸，腹部朝天，多为鸡群中体质较好者。剖检病死鸡，嗉囊内积满食物，心肌圆硬，有时有少量心包积液，肠管增粗，外观像水煮样，肠腔内积有大量未消化完的饲料。

急性病鸡以尖叫、奔跑、瘫痪和采食量迅速下降为特征，鸡群中突然出现部分鸡只尖叫、奔跑、乱窜，接着腾空跳跃几下便仰面朝天而死。也有的鸡群突然采食量下降，好多鸡只卧地不起，有的一只脚直伸（图5-29），轻者强行驱赶，以关节着地蹒跚行走，靠两翅来支撑平衡。重者头颈震颤、贴地，干脆卧地不起。剖检发现心肌圆硬、腺胃水肿、肠道水肿、发硬、像腊肠样，有的肠段粗细不均。肠壁浆膜面有大量针尖出血点或斑块状出血，肠黏膜像有一层黄白色麸皮样物质脱落，肠内容物多为橘黄色泡沫样内容物。

图5-29 病鸡一只脚直伸

本病慢性病例最多见，初期无明显症状，消化不良，粪便颜色也接近料色，内含未消化完全的饲料，时间稍长会发现鸡群长势不佳、减料、料肉比偏高。随着时间的延长，鸡的粪便中出现肉样或烂西红柿样、鱼肠子样夹带白色石灰样稀便或灰黄色（接近饲料颜色）的水样稀便。投服常规肠道药无效。长期拉稀造成机体脱水、精神沉郁、脚趾干瘪，尾部及下腹部羽毛被粪便污染，最终衰竭而死。大部分慢性病例最后都继发新城疫、大肠杆菌病等混合感染而死。病程长者，肠管增粗，肠壁菲薄，有像水煮过样颜色苍白，有的肠壁出血严重，整个肠道像红肠子样，从浆膜面会看到有斑点状出血。肠内有未消化完全的饲料。直肠黏膜出血，泄殖腔积有大量石灰膏样粪便。病程短者，肠壁增厚，肠腔空虚，肠黏膜表面被大量黄白色麸皮样内容物附着，并有橘黄色或红色絮状物，剪开后肠壁自动外翻成条索状。具体可见图5-30至图5-37。

图5-30 鱼肠子样夹带白色石灰样稀便

图5-31 肠壁菲薄，肠管增粗

5-32 肠壁出血

图 5-33 肠道内脓性分泌物

图 5-34 肠道内脓性分泌物

图 5-35 肠壁出血，肠内有未消化饲料

图 5-36 肠内未消化的饲料
被脓性分泌物包裹

图 5-37 肠内的脓性分泌物

二、发病原因

1.感染小肠球虫

小肠球虫的感染为本病的始发点，多种细菌、病毒乘虚而入，为本病起了推波助澜的作用。环境条件相对比较潮湿，为球虫的滋生提供了良好的条件。小肠球虫感染机体后开始无明显症状，往往不被人们重视，但其长期作用会导致肠黏膜严重脱落，肠道的完整性遭到破坏，为肠道内多种有害微生物提供了易感机会。

2. 病鸡死亡的原因

大量崩解的球虫卵囊、细菌等病原体的代谢产物、脱落的肠黏膜等共同作用导致肠道内环境的改变，加速了有害菌的繁殖，造成消化不良、腹泻等症状。大量毒素随血液循环带到全身，形成败血症或自体中毒，出现神经症状，加速了病鸡的死亡。

3. 混合感染

长期腹泻，再加上通风不良造成鸡舍内氨气浓度超标，导致鸡体质下降，往往会造成大肠杆菌和呼吸道的混合感染。这时即使各种疫苗都是接种比较规范的鸡群，呼吸道、消化道黏膜等处的局部免疫力保护不足，稍遇自然毒株或野毒侵袭便很容易感染新城疫、法氏囊等传染病。更有甚者，一批鸡就免疫一次新城疫疫苗，无论是整体循环抗体水平还是局部抗体水平都是很低，所以这种鸡群非常危险。

4. 使用高能量高蛋白饲料

高能量高蛋白饲料为鸡体提供了营养的同时，也为病原体的繁殖提供了良好的物质基础。所以往往越是饲喂高质量饲料的鸡群，发生本病后越顽固。

三、防治措施

防治本病，避免出现以下 4 个误区。

1. 强制止泻

发生肠毒综合征后病鸡通常排黄色、暗红色、褐色糖稀样的粪便，很多兽医工作者的第一反应通常是立即用药止泻，仿佛止泻成功与否决定了治疗的成败。但是，肠毒综合征死亡率高的原因不在于腹泻，而是自体中毒。因此，如果强制止泻反而加剧了自体中毒，死亡率会不降反升，或者是投药数天后效果不佳。所以，发生肠毒综合征应该是引导排毒，而不是一味止泻。

2. 发病早期用猛药

在肠毒综合征发现的早期，人们往往像对待其他传染病一样，抓紧时间下猛药治疗，但结果往往是用药后死亡率立刻显现，并且治疗两个疗程以上才有所减轻。

原因很简单，革兰氏阴性菌在肠道大量繁殖，可导致肠道消化功能紊乱，使球虫繁殖释放大量有害物质，再加上使用大剂量抗生素治疗后，革兰氏阴性菌死亡解体释放的超剂量内毒素，可引起机体调节系统紊乱，甚至休克死亡。

3.用多种维生素

多种维生素可以补充营养、增强机体抵抗力，但是鸡患肠毒综合征时要禁止使用。因为发生肠毒综合征时，肠道功能已经紊乱，会造成营养吸收障碍，有害的物质却没少吸收。同时饲料在消化道内和脱落的肠黏膜混合在一起，导致细菌大量繁殖，此时如果增加多种维生素，一则吸收不了，二则增加了肠内容物的营养，反而利于有害菌繁殖，对治疗有百害而无一利。

4.拌料给药

肠毒综合征会导致肉鸡不断勾料（把料筒的料勾到地上），再加上鸡只发病后采食量会出现不同程度的下降，如果此时拌料给药，就会导致饲料被大多数健康鸡和症状轻微的鸡吃了，病鸡没食欲，或者吃得很少，达不到治疗效果，不能产生应有的疗效。

因此，适时合理地进行药物防治，尤其注意预防球虫病的发生，是治疗肠毒综合征的第一要务，而且使用磺胺药才是正确的选择。可首先在饮水、饲料中使用磺胺类药物，球虫药用到第 3 天时使用抗生素，氨基糖苷类和喹诺酮类联合使用效果不错；对细菌、病毒混合感染的情况，在使用大环内酯类药物的同时，添加黄芪多糖粉。

平时要加强饲养管理，中后期尽可能保持鸡舍内环境清洁干燥，加强通风换气，减少球虫、呼吸道病和大肠杆菌等的感染机会。

第六章

肉鸡疾病的快速诊断方法

第一节　尸体剖检方法

　　鸡的病理剖检，是临床上最常用的诊断疾病的方法之一，也是准确诊断疾病至关重要的手段。根据剖检所见特征性病理变化，结合生前流行病学和临床症状，可初步得到确诊。

一、剖检器械

　　手术剪、镊子、托盘等（图6-1至图6-6）。必要时，需要图像采集和备份。

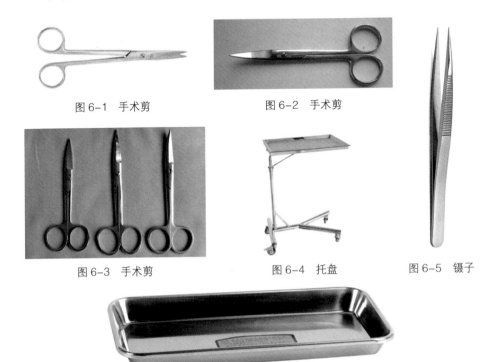

图6-1　手术剪　　　　　　　　　图6-2　手术剪

图6-3　手术剪　　　　图6-4　托盘　　　　图6-5　镊子

图6-6　托盘

二、致死鸡的方法

（一）放血法

放血部位可选在硬腭后方、颈部、股动脉等部位，也可用剪断部分颈椎法放血等。

（二）无血致死法

扑杀病鸡时应不使血液流出污染环境，主要包括折颈脱臼法、电击法、脑部注射法。也可用家畜去势钳压断颈椎，使鸡致死。用于制作标本的鸡，可用静脉注射安乐液使鸡致死。

临诊中最好的方法是使颅颈部脱位。采用这种方法不必割破皮肤。左手握住鸡的双腿和翼梢，用右手抓住鸡头，放在食指与中指之间，拇指抵在头后部，把鸡头向后方与颈部呈直角的方向屈折，用力牵拉至颅颈分离。待其停止挣扎后，方可剖检。

不论使用哪种致死法，都不要损伤呼吸道、眶下窦、食管等部位，不要污染食道，气管；疑有神经症状者，禁用脑注射法和硬腭后方放血法。

三、尸体剖检步骤与方法

鸡发病后，体内各组织器官发生一系列不同程度、不同表现形式的病理改变，通过对发病鸡或死亡鸡的病理剖检，可初步做出疾病诊断，这种诊断方法已成为鸡病防治中不可缺少的诊断方法之一。

（一）外观检查

对活鸡进行剖检，应观察它们的动态症状。第一看病鸡营养状况，若营养状况较好，则多为急性感染；第二观察站立姿势及行走步态，是否有跛行、麻痹症状，关节是否肿大，触摸肿胀部位以判断有无坚实感或有无波动感；第三检查羽毛有无外寄生虫，如虱、螨等；第四检查呼吸频率高低，呼吸状态如何，有无呼吸啰音等。还应检查眼睑、眼结膜、皮肤、肛门周围等处。

（二）尸体剖检步骤与方法

为防止羽毛飞扬，应先将尸体放于消毒药液中浸泡片刻，然后取出放于盘中或桌上，按下列步骤操作。

1. 外部检查

（1）天然孔的检查　查口、鼻、眼等有无分泌物及其数量与性状。检查鼻窦时，可用剪刀在鼻孔前将口喙的上颌横向剪断，以手稍压鼻部，注意有无分泌物流出；视检泄殖孔的状态，注意泄殖腔内黏膜变化，内容物性状及其周围的羽毛有无粪便污染。如鸡白痢时，在泄殖孔周围常有石膏样灰白色粪便黏附或堵塞。

（2）皮肤的检查　视检鸡冠、肉髯，注意头部及其他各处的皮肤有无痘疮或皮疹。观察腹壁及嗉囊表面皮肤的颜色，有无尸体腐败的现象，检查鸡足要注意鳞足病及足底趾瘤。

（3）骨骼、肌肉的检查　检查各关节有无肿胀，龙骨突有无变形、弯曲等现象。病鸡的营养状况，可通过用手触摸胸骨两侧的肌肉丰满度及龙骨的显突情况来判断。

2. 内部检查

（1）体腔剖开　切开大腿与躯干连接的皮肤，用力将两大腿向外向下压，直至两髋关节脱臼，使鸡体背卧位平放于瓷盘上。拔掉颈部、胸部、腹部的羽毛，观察皮肤的色泽和性状，由喙角沿颈下体中线至泄殖孔前作一纵切线，再在泄殖腔前的皮肤做一横切线，向两侧剥离皮肤。显露皮下组织，观察皮下组织色泽、有无充血出血，肌肉丰满程度、色泽等。观察龙骨有无变形、弯曲，检查嗉囊是否充盈食物，内容物的数量、性状等。皮下组织检查结束后，在后腹部，将腹壁横行切开，在切口的两侧分别向前剪断两侧肋骨、乌喙骨及锁骨，然后握住龙骨突的后缘用力向上前方翻压，并切断周围的软组织，即可去掉胸骨，露出体腔。

（2）脏器视检　剖开体腔后，注意检查各部的气囊。气囊是由浆膜所构成，正常时透明且薄，有光泽，如有浑浊、增厚，或表面被覆有渗出物或增生物，均为异常。注意观察各脏器的位置、颜色，浆膜的状况，体腔内的液体、性状，各脏器之间有无粘连。

（3）脏器的摘出　先将心脏连心包一起剪离，再摘出肝脏，然后将肌胃、腺胃、肠、胰、腺、脾及生殖器官一同摘出，陷于肋骨间隙内及腰荐骨的凹陷部的肺脏和肾脏，可用手术刀柄剥离取出。颈部器官的摘出，先用剪刀将下颌骨、食道、嗉囊剪开。注意食道黏膜的变化及囊内容物的数量、性状以及囊内膜的变化，再剪开喉头、气管，检查其黏膜及腔内分泌物。脑的摘出，先用刀剥离头部皮肤，再剪除颅顶骨，即可露出大脑和小脑，然后轻轻剥离，将前端的嗅脑、脑下垂体及视神经交叉等部逐一剪断，即可将整个大脑、小脑摘出。

四、剖检注意事项

（一）剖检鸡和剖检地点的选择

剖检鸡最好刚刚病死（离死亡时间越近越好）或濒死，这样病变比较明显，便于判断。解剖地点要选在鸡场的下风口，最好远离生产区，大型养殖场户要配备专门的解剖室，便于生物安全和消毒。

（二）解剖人员防护

解剖人员要做好个人防护，重点是手和口，要戴好口罩和手套，穿好工作服或防护服，如解剖人员手上有伤口，必须戴手套操作。

（三）注重细节

解剖时认真细致，不要漏掉器官病变，特别是韧带、大脑和神经。

（四）尽量多剖检

了解得越多，诊断越有针对性，诊断结果越可靠。因此诊断某一个鸡群的疾病，应多剖检一些病鸡。由于各种因素造成不同个体间的差异，个体间病变有所不同。多剖检些鸡只，可找出共同的典型病变。同时，要注意解剖和问诊、触诊、听诊、叩诊相结合。不能进鸡场查看时，要与饲养人员多沟通，了解鸡群采食情况、饮水量等，防止以偏概全。切忌带着成见去解剖，解剖前不要轻易断定或怀疑是什么病，然后再去解剖找这个病的症状。

（五）解剖记录与图像采集

解剖时注意及时记录所观察到的病变或不正常情况，对于特征性病变最好保存器官病料，必要时进行图像采集。

第二节　流行病学调查

流行病学的调查，因调查目的、时机不同可分为两种：预防性调查，侧重了解病史方面的情况；而以诊断为目的的调查则包括多方面的内容。流行病学调查，就是通过现场调查了解，弄清有关疾病的因素，以找出有规律性的流行病学的资料，再结合其他诊断方法综合分析，为疾病的正确诊断提供依据。

一、疾病现状及其发展过程调查

向熟悉情况的饲养员详细了解病史（主要是发病时间、范围、日期，发病的快慢和死亡情况，发病的症状和经过等）、饲养管理和治疗情况，查阅有关饲养管理和疾病防控的资料、记录和档案。疑似传染病的病例，还要进一步进行流行病学调查；疑似营养缺乏病的病例，要调查饲料情况；疑似中毒病的病例，要调查所用的药物。

（一）发病时间的调查

询问肉鸡什么时候得病，病了几天。如果发病突然，病程急短，可能是急性传染病，也可能是中毒性疾病；如果发病时间较长，可能是慢性病。

（二）发病数量调查

病鸡数量少或零星发病，可能是普通病或慢性病；病鸡数量大或发病时间统一，可能患的是传染病或中毒病。

（三）生产性能调查

了解生长速度、增重情况及其均匀度。

（四）发病日龄调查

鸡群发病日龄不同，可提示不同疾病的发生。

相邻鸡舍间、不种日龄的肉鸡同时或相继发生同一种疾病，而且发病率和死亡率都比较高，可提示新城疫、禽流感等病毒性疾病。

1月龄内肉鸡大批发病死亡，可能是沙门氏菌病、大肠杆菌病、传染性法氏囊病、肾型传染性支气管炎等，如果伴有严重的呼吸道症状，可能是新城疫、禽流感、传染性支气管炎、慢性呼吸道病等。

（五）饲养管理情况

了解病鸡发病前后的采食情况、饮水情况；查看所用饲料有无霉变情况，对疑似营养缺乏症，还要进行饲料的营养成分的检查与分析，重点检查饲料的蛋白、能量，必要时还要分析所含的各种维生素、微量元素、氨基酸等进行成分分析；进入鸡舍了解通风情况，查看卫生状况、饲养密度、感知舍内温度、湿度等，根据这些情况来查找病因。

（六）用药情况

发病时，在使用抗生素后病情有所缓解，或死亡率下降明显，可提示细菌性疾病；如使用抗生素治疗后无效，则提示病毒病或中毒病。

（七）流行病学调查

对疑似传染性疾病，除了进行上述一般调查外，还要进行传染病的流行病学调查，如现有症状调查、既往病史和疫情调查，查看或询问平时防疫措施的落实情况等。

（八）中毒情况调查

疑似中毒病，一般表现在饲喂或饮水后短时间内发病，且发病急，死亡快，伤亡多；越是个体比较大的鸡，因采食量大，饮水多，所以发病越早，死亡越多。这种情况下，要调查用药史，了解使用过什么药物，以及用药剂量、用法、使用的时间，有无投毒的可能，有无煤气中毒，是否是饲料中毒等。

二、病史与疫情调查

（一）了解既往病史

了解鸡群过去发生过什么重大疫情，有无类似疾病发生，其经过及结果如何等，借以分析本次发病与过去疾病的关系。如过去发生过新城疫、禽流感等，但没有对鸡舍进行彻底的消毒和较长时间的空舍，甚至对鸡群没有进行有效的免疫，可考虑是否是旧病复发。

（二）调查附近养殖场的疫情情况，特别是周围鸡场是否有气源性传染病

调查附近鸡场是否有与本场相似的疫情，如果有，可考虑是否是气源性传染病，如新城疫、禽流感、传染性支气管炎等。如鸡场饲养了两种以上的家禽，单一禽种发病，则提示为该禽的特有传染病，若两种禽种都发病，则提示为共患病。

（三）调查引种情况

对从引进种蛋、种禽的地区进行流行病学情况调查，这可以提供有关本地区所发生疾病的诊断线索。有许多疾病是经蛋和种禽传播的。如鸡白痢、禽脑脊髓炎、支原体病等。进行引种情况调查，可为本地区疫病的诊断提供线索。如引进带菌、带毒的种鸡与本地鸡群混养，常可引起新的传染病流行。

（四）平时防疫措施落实情况

了解防疫制度及贯彻落实情况，有无严格的消毒措施；免疫接种的种类、方法、时间、疫苗情况、检测结果；是否进行过药物预防和定期驱虫等，获得第一手资料，以此来综合分析病因，有利于做出正确的诊断。

第三节　临床观察与病理剖检

一、肉鸡疾病临床症状的观察

在调查了流行病学的基础上，通过肉眼对发病鸡群进行临床症状的观察，主要包括发病鸡群的群体检查和病鸡的个体检查。

（一）群体检查

1. 精神状态的检查

鸡的精神状态是其健康状况的晴雨表。首先在不惊动鸡群的情况下静态观察全群的精神状况；其次是动态观察，进入鸡舍后人为制造突然的响声，观察鸡群的反应状态，健康的鸡群会停止采食、饮水、走动，凝视片刻，而病鸡则漠不关心外界的声音。也可以在鸡舍内驱赶鸡群，健康鸡只在人接近时逃走，而病鸡对人的接近不理不睬或慢步走开，这时可观察鸡群的运动是否正常。

（1）健康肉鸡的精神状态　精神活泼，两眼明亮。当饲养员进入鸡舍时，表现比较兴奋，有求食欲，对外界刺激反应比较敏感，两眼圆睁有神。如遇到一点刺激，鸡的头部高抬，来回观察周围动静，严重刺激可引起惊群、扎堆、乱跑、乱飞、鸣叫等。

（2）临床上见到的异常精神状态

精神沉郁或精神萎靡：对周围事物反应冷淡，甚至没有任何反应，表现离群呆立、头颈卷缩、两眼半闭、行动呆滞，或将头喙弯于颈后翅下，常常是有病的征兆。如雏鸡沙门氏菌感染、禽流感、新城疫、传染性法氏囊炎、传染性支气管炎、球虫病等。

嗜睡：重度萎靡，闭眼似睡，站立不动或卧地不起，给以较强烈刺激才出现轻微反应甚至无反应，可见于疾病后期，可视为预后不良。

兴奋：对外界轻微刺激就表现强烈的反应，出现惊群、扎堆、乱跑、乱飞、鸣叫等。临床上，某些中毒性疾病、维生素缺乏症等，可出现这种现象。

2. 运动和行为的观察

检查有无鸡扭头、曲颈或伴有站立不稳及运转后退等。神经症状和运动障碍多见于鸡新城疫、马立克氏病、病毒性关节炎、滑膜支原体病和某些维生素或微量元素缺乏症。若雏鸡扎堆，多见于舍内低温、雏鸡白痢、副伤寒或球虫病等。

（1）正常运动行为　鸡活动自如，行动敏捷，休息时多两肢弯曲卧地，起卧自如，遇到外界刺激马上起立活动。

（2）病理状态下的运动和行为

劈叉：青年鸡一条腿向前伸，另一条腿向后伸，呈明显劈叉姿势，两翅下垂，是马立克氏病的特征。小鸡出现劈叉多见于腿病。

观星状：鸡的头部向后极度弯曲，形成"观星"姿势，兴奋时更加明显。多见于维生素 B_1 缺乏。

跛行：是临床最常见的一种运动异常，主要表现为腿软、瘫痪、喜卧，运动时明显表现跛行。多见于饲料中钙、磷比例不当、维生素 D_3 缺乏、痛风、病毒性关节炎、滑液囊支原体病、中毒等；幼雏鸡跛行可见大肠杆菌病、葡萄球菌病感染；刚接回的鸡苗出现瘫痪多见于小鸡腿部受寒或脑脊髓炎等。

扭头：病鸡头部扭曲，在受到惊吓后表现更加明显。多见于新城疫的后遗症。

偏瘫：小鸡偏瘫在一侧（图6-7），两肢后伸，头部震颤。多见于脑脊髓炎。

犬坐姿势：肉鸡呼吸困难时，往往表现犬坐姿势，头部高抬，张口呼吸，

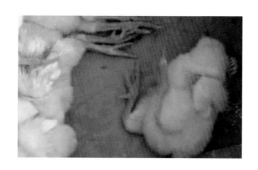

图 6-7　偏瘫的雏鸡

跗部着地。多见于曲霉菌感染、呼吸道病症。

强迫采食：肉鸡出现头颈部不自主地盲目点地，像采食一样，临床多见于强毒新城疫、球虫病、坏死性肠炎等。

企鹅状姿势：病鸡腹部较大，运动时左右摇摆，摆幅较大，像企鹅运动一样，多见于腹水综合征。

趾曲内侧：两肢趾弯曲、卷缩、趾曲于内侧，以肢关节着地，并展翅维持平衡。临床多见于维生素 B_2 缺乏症。

肘部外翻：鸡运动时肘部外翻，关节变短、变粗，临床多见于锰缺乏。

3.采食状态检查

（1）观察采食量　肉鸡正常采食时，食量相对较大。观察采食量可根据每天饲料记录就能准确掌握摄食增减情况，也可以观察鸡的嗉囊大小，料槽内的剩余料的多少和采食时鸡的采食状态等来判断采食情况。如鸡舍温度较高，采食会减少；舍内温度偏低则采食量会上升。采食量减少是反映鸡病最敏感的一个症状，能最早反映鸡群健康状况。

（2）病理状态下采食量的增减

采食量减少：表现加入饲料后，采食不积极，吃几口之后便退缩到一侧，料槽余量过多。比正常采食量下降，临床中许多病均能使采食量下降，如沙门氏菌病、霍乱、大肠杆菌病、败血性支原体病、新城疫、禽流感等。

采食废绝：多见于鸡病后期，往往预后不良。

采食量增加：多见于食盐过量，饲料能量偏低，或在疾病恢复过程中采食量会出现不断增加，反映疾病好转。

4.粪便观察

许多疾病均会引起鸡粪便变化和异常。因此，粪便检查在临床检查中具有重要意义。粪便检查应注意粪便性质、颜色和粪便内异物等情况。

（1）正常粪便　肉鸡正常粪便像海螺一样，下面大上面小呈螺旋状（逗号状，图6-8），上面有一点白色的尿酸盐颜色，多表现棕褐色；肉鸡有发达的

图6-8　正常的小肠粪便呈逗号状

盲肠，早晨排除稀软糊状的棕色粪便；刚出壳的小鸡尚未采食，排出胎粪为白色或深绿色稀薄的液体。

影响粪便形态和颜色的生理因素很多。因为鸡粪道相连于泄殖腔，粪尿同时排出，鸡又无汗腺，体表覆盖大量羽毛，因此舍温增高，鸡的粪便变稀薄，夏季甚至可引起水样腹泻，温度偏低，粪便变稠；如果饲料中掺入杂粮（如菜籽粕等）杂饼、发酵抗生素的残渣等，会出现黑色粪便，而饲料中加入白玉米、小麦后则可使粪便颜色变浅变淡；饲料中加入腐植酸钠可使粪便变黑。

（2）病理状态下的粪便　肉鸡粪便有多种变化形式。异常粪便多由于细菌、病毒、寄生虫等病原微生物的侵入感染而引发肠炎病变导致发生变化，带有腥臭味，呈现特征颜色，如红、绿、黑、白、黄色，同时形状发生改变，落地不成堆，散落，消化不完全，有饲料颗粒等。

① 病理状态下常见性质变化。

水样稀粪：粪便呈水样，多因饲料中含盐量过高，例如，添加咸鱼粉，或在使用某种抗球虫药时提高饲料中含盐量，而更换使用另一种抗球虫药时未能将含盐量及时调低等，在这些情况下，鸡只会因摄入多量水分而造成水样粪便。一些急性传染病也可导致水样稀便。另外，饲料存放时间过长，被霉菌污染导致肠炎；用药时间过长或剂量过大，伤肾；肉鸡生长后期，一旦出现暴饮暴食或受凉，也可能会引起水样稀粪。

料粪（即粪便中含有未被完全消化的饲料颗粒）：酸臭，可见到饲料残渣或颗粒（图6-9至图6-12）。多见于消化不良、肠毒综合征等。

图6-9　料粪

图6-10　料粪

图 6-11　料粪

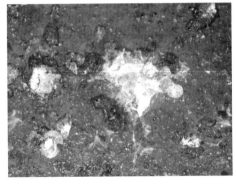
图 6-12　附有尿酸盐的料粪

带有黏液：粪便中带有黏液和大量脱落的上皮组织，腥臭，多见于坏死性肠炎、禽流感、热应激等。

②病理状态下常见颜色变化。

白色粪便：粪便稀薄如水且呈白色（图 6-13、图 6-14），泄殖腔周围羽毛被白色的尿酸盐污染。多由于肠黏膜分泌大量的肠液及尿酸盐增多造成。引起肾损害的营养性因素或传染病都可使尿酸排泄障碍，使尿酸盐增多，导致鸡排白色稀粪（图 6-15）。多见于雏鸡白痢、痛风、传染性法氏囊炎、禽霍乱等疾病，饲料中缺乏维生素 D 或钙磷比例不当，也可出现类似症状。

图 6-13　白色稀便

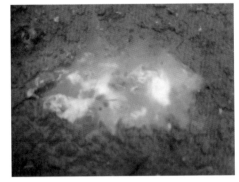
图 6-14　白色稀便，蛋清样物

血便：主要见于肠道出血性疾病，临床上多见红色、棕色或黑色。有 3 种情况，肠后段出血时多呈棕红色或鲜红色稀便，甚至有血液流出，见于盲肠球虫、啄癖；肠前段出血，粪便呈黑褐色，常见于小肠球虫病或一些急性传染病、慢性中毒病，如出血性肠炎、肌胃糜烂等；如果粪便上带有鲜红色血丝，临床多见于前殖吸虫或啄伤。

绿色粪便：粪便颜色呈草绿色，是重病末期现象，由于食欲废绝，肠道中无内容物，肠黏膜发炎，肠蠕动加快，黏液分泌增多，绿色为胆汁或肠液混合物。多见于新城疫、温和型禽流感、慢性消耗性疾病（如马立克氏病、淋巴白血病等）、伤寒等；粪便颜色黄绿色，并带有黏液，多见于坏死性肠炎、禽流感等。有时管理不当，舍内氨气含量过高，也可导致绿色粪便。

 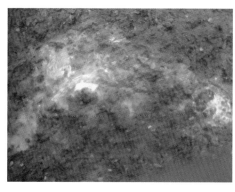

图 6-15　稀薄料粪　　　　　　　　图 6-16　西瓜瓤样粪便

西瓜瓤样粪便（图 6-16）：粪便中带有黏液，西红柿酱色，多见于小肠球虫、出血性肠炎、肠毒综合征等。

颜色变浅变淡：多见于肝脏疾病，如盲肠肝炎、包涵体肝炎等。

③病理状态下常见综合性变化。

红色稀粪：小肠球虫一般表现为粪便稀，发红或带黑血色，轻微的呈灰白色，盲肠球虫一般排血便或粪中带血，两者均有消化不良现象；大肠杆菌并发肠炎：由于肠道出血和粪便混合在一起，呈烂西红柿样；溃疡性肠炎，除了粪呈红色外，还有特殊的恶臭味；严重感染组织滴虫病时会排血便。

黄绿或绿色稀粪便：发生新城疫时，病鸡粪便多带有恶臭味，粪不成形，落地分散，消化不良有料状物；败血型大肠杆菌病后期排黄绿色带白色黏稠稀水样粪便；鸡伤寒时排淡绿色稀便，污染肛门周围羽毛；鸡衣原体感染、鸡霍乱、溃疡性肠炎、食盐中毒等都会出现拉黄绿色或绿色稀便。

④病理状态下常见异物（图 6-17 至图 6-22）。

蛋清样分泌物：多见于传染性法氏囊炎、禽流感等。

白色米粒大小结节：多见于绦虫病。

泡沫：粪便中带有泡沫，多见于受寒。有时，饮水中加糖过量或用葡萄糖时间过长也可引起粪便中带有泡沫。

假膜：粪便中带有纤维素性、脱落肠段样假膜，多见于球虫病、坏死性肠炎等。

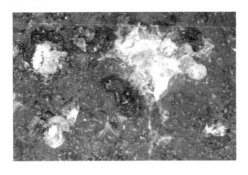

图 6-17　伴有大量尿酸盐的料粪

图 6-18　伴有尿酸盐的料粪

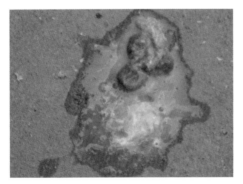

图 6-19　白色稀便中夹有胡萝卜丝样物

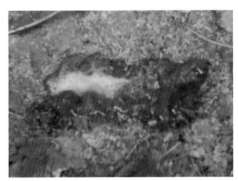

图 6-20　鱼肠子样稀便，伴有多量尿酸盐

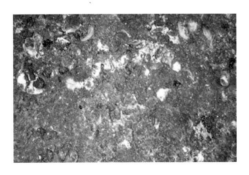

图 6-21　伴有尿酸盐的白色料粪

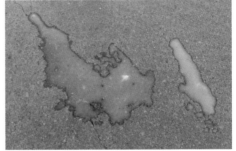

图 6-22　奶样粪便

5. 呼吸系统功能检查

临床上肉鸡呼吸系统疾病占 70% 左右，许多传染病均可引起呼吸道症状，因此呼吸系统检查意义重大。

（1）呼吸系统的正常功能　正常情况下，鸡每分钟呼吸次数为22~30次，计算鸡的呼吸次数主要通过观察泄殖腔下侧的腹部及肛门的收缩和外突来计算的。

呼吸系统检查主要通过视诊、听诊来完成，视诊主要观察呼吸频率、张嘴呼吸次数、是否甩血样黏条等。听诊主要听群体中呼吸道是否有杂音，在听诊时最好在夜间熄灯后慢慢进入鸡舍进行听诊。

（2）病理状态下呼吸系统异常

张嘴伸颈呼吸（图6-23）：表现鸡呼吸困难，多由呼吸道狭窄引起，临床多见于传染性支气管炎后期、白喉型鸡痘，小鸡出现张嘴伸颈呼吸多见白痢或霉菌感染。热应激时鸡也会出现张嘴呼吸，应注意区别。

图6-23　张嘴伸颈呼吸的雏鸡

甩鼻音：听诊时听到鸡群有甩鼻音，临床多见于败血型支原体、传染性支气管炎、传染性鼻炎、新城疫、禽流感、曲霉菌病等。

怪叫声：当鸡喉头部气管内有异物时会发出怪音，临床多见于白喉型鸡痘等。

6. 生长发育及生产性能检查

肉鸡主要观察生长速度、发育情况及鸡群整齐度。若鸡群生长速度正常，发育良好，整齐度基本一致，临床突然发病多见于急性传染病或中毒性疾病；若鸡群发育差、生长慢、整齐度差（图6-24），多见于慢性消耗性疾病、营养缺乏症或抵抗力差而继发的其他疾病。

图6-24　鸡群整齐度较差

7. 神经系统检查

脑膜出血水肿，脑实质灶状软化，坏死组织呈灰白色豆腐脑样病变，病久死亡者可见到脑内有黄绿色浑浊的液体，多见于幼雏缺硒及维生素E缺乏症。若发现剖检病例神经干（臂神经、坐骨神经）呈水肿样，比对侧神经粗大2~3倍，在同一条神经干上还可见到若干个小结节，使神经变得粗细不匀，并呈现灰白、灰黄色变化（正常颜色为银白色），病鸡临床表现劈叉式姿势，应为马立克氏病。

（二）个体检查

通过群体检查，选出具有特征病变的个体进一步进行个体检查，诊断疾病。个体检查的内容主要包括体温检查、冠部检查、眼部检查、鼻腔检查、口腔检查、皮肤及羽毛检查、颈部检查、胸部检查、腹部检查、腿部检查、泄殖腔检查等。

1.体温检查

体温变化是鸡发病的标志之一，可通过用手触摸鸡体或用体温计来检查。

鸡的正常体温是 $41.5℃$（$40~42℃$）。当肉鸡出现疾病，临床体温发生变化时，有体温升高和体温下降两种病理状态。

体温升高：有热源性刺激物作用时，体温中枢神经机能发生紊乱，产热和散热的平衡受到破坏，产热增多，散热减少，而使体温升高，并出现全身症状，称发热。临床上引起发热的疾病很多，特别是许多传染性疾病会引起鸡只发热，如禽霍乱、沙门氏菌病、新城疫、禽流感、热应激等。

体温下降：鸡体散热过多而产热不足，导致体温在正常以下，称体温下降。病理状态下体温下降多见于营养不良、营养缺乏、中毒性疾病和濒死期的鸡只。

2.冠和肉髯检查

（1）正常状态　鸡冠直立，冠和肉髯呈鲜红、肥润、组织柔软光滑，肉髯左右大小对称，用手触诊有温热感。

（2）病理状态下冠和肉髯可出现多种变化

苍白：若冠和肉髯不萎缩，单纯性出现苍白，常预示两种情况：一是死亡之前，鸡群受到过度惊吓，大群惊群，致使肝脏破裂、出血，导致鸡冠苍白，或是脂肪肝引起的肝脏破裂出血。因为这两种原因死亡的鸡体质健壮，体重往往在平均体重之上，若再结合剖检后的内部脂肪症状，即可判定为是脂肪肝或是物理性肝破裂。二是死亡鸡只患有球虫病或坏死性肠炎，这两种原因死亡的鸡只除鸡冠、肉髯苍白外，泄殖腔周围的羽毛多黏有酱红色稀便。因球虫病死亡的鸡只，往往偏瘦，剖检常可见小肠的某段或盲肠血便，并且患病时间长的鸡出血的肠段内常形成出血肠芯。因坏死性肠炎死亡的鸡也较瘦，但触摸腹部常有胀气感，肠胀气严重的可以通过腹部皮肤观察到。并且 2/3 的肠段鼓气、肠黏膜脱落、肠内容物稀薄、血色肠壁紫色，但肠内无血色肠芯。

肿胀：多见于禽霍乱、禽流感、严重大肠杆菌和颈部皮下注射疫苗引起。患传染性鼻炎时，冠和肉髯明显水肿，慢性禽霍乱出现一侧或两侧肉髯肿大。

发绀：冠和肉髯呈暗红色，多见于新城疫、禽霍乱、呼吸系统疾病等。

冠萎缩：冠和肉髯由大变小，出现萎缩、颜色发黄、无光泽，多见于消耗性疾病，如马立克氏病、淋巴白血病等。

蓝紫色：多见于H5流感感染。

发黑：多见于盲肠球虫病（又称黑头病）。

结节：患皮肤型鸡痘时，患鸡的冠、肉髯等处有一个灰白色小结节。

有小米粒大小梭状出血和坏死：多见于卡氏住白细胞原虫病。

有皮屑无光泽：多见于营养不良、维生素A缺乏、真菌感染和外寄生虫病。

鳞屑状：鸡患缺锌症，因皮肤不全角化及角化过度而成鳞屑状；鸡患冠癣时，整个头部皮肤、冠及肉髯皮肤均呈鳞屑状；患弧菌性肝炎，病鸡鸡冠呈鳞状皱缩。

冠和肉髯呈樱桃红色：疑为一氧化碳中毒。

3. 鼻腔检查

检查鼻腔时，检查者用左手固定肉鸡的头部，先看两鼻腔周围是否清洁，然后用右手拇指和食指用力挤压两鼻孔，观察鼻孔有无鼻液或异物。

① 健康肉鸡鼻孔无鼻液。

② 病理状态下出现多种有示病意义的鼻液。如，透明无色的浆液性鼻液，多见于卡他性鼻炎。黄绿色或黄色半黏液状鼻液，黏稠；灰黄色、暗褐色或混有血液的鼻液；混有坏死组织、伴有恶臭的鼻液，多见于传染性鼻炎。鼻液量较多，常见于鸡传染性鼻炎、禽霍乱、禽流感、鸡败血型霉形体病等。

4. 眼部检查

① 正常情况下肉鸡两眼有精神，特别是两眼圆睁，瞳孔对光线刺激敏感，结膜潮红，角膜白色。在检查眼时注意观察角膜颜色、有无出血和水肿、角膜完整性和透明度、瞳孔情况和眼内分泌物情况。

② 病理状态下眼部病变。

眼半睁半闭状态：眼部变成条状，临床多见于环境中氨气、甲醛浓度过高。

流泪：严重时眼下羽毛被污染，临床多见于传染性眼炎、传染性鼻炎、鸡痘、支原体感染以及氨气、甲醛浓度过高。

眼角膜充血、水肿、出血：多见于结膜炎、眼型鸡痘、曲霉菌病、大肠杆菌病、支原体感染等。另外，当环境尘土过多也可以引起，应注意区别。

眼部肿胀：严重时上下眼睑结合在一起，内积大量黄色豆腐渣样干酪样物。临床多见于传染性眼炎、支原体感染、黏膜型鸡痘、维生素A缺乏，大肠杆菌病、葡萄球菌病、铜绿假单胞菌感染等。

角膜浑浊：角膜浑浊，严重者形成白斑和溃疡，临床多见于马立克氏病。

结膜痘斑：临床多见于黏膜型鸡痘。

5. 脸部检查

（1）正常情况　肉鸡脸部红润，有光泽。脸部检查时，注意脸部颜色，是否出现肿胀和脸部皮屑情况。

（2）病理情况下脸部变化

肿胀：若用手触诊脸部，感觉发热，有波动感，临床多见于禽霍乱；用手触诊无波动感，多见于支原体感染、禽流感、大肠杆菌病；若两个眶下窦肿胀，多见于窦炎、支原体等。

脸部有大量皮屑：临床多见维生素 A 缺乏、营养不良和慢性消耗性疾病。

6. 口腔检查

（1）正常检查　口腔检查时，用左手固定头部，右手大拇指向下扳开下喙，并按压舌头，然后左手中指从下腭间隙后方将喉头向上轻压，然后观察口腔。正常情况下肉鸡口腔内湿润有少量液体，有温热感。口腔检查时注意上腭裂、舌、口腔黏膜及食道喉头、器官等变化。

（2）病理状态下的口腔异常

口腔黏膜上形成一层白色假膜：临床多见念珠球菌感染。

口腔黏膜出现溃疡：口腔及食道乳头变大，融合形成溃疡，临床上多见于维生素 A 缺乏。

上颚腭裂处形成干酪物：临床多见于支原体感染，黏膜型鸡痘。

口腔内积有大量酸臭绿色液体：临床多见于新城疫、嗉囊炎和返流性胃炎。

口腔积有大量黏液：临床多见于禽流感、大肠杆菌、禽霍乱等。

口腔积有泡沫液体：临床多见于呼吸系统疾病。

口腔积有稀薄血液：临床多见于卡氏住白细胞原虫病、肺出血、弧菌肝炎等。

喉头出现水肿出血：临床多见于新城疫、禽流感等。

喉头、气管上形成斑痘：临床多见于黏膜型鸡痘。

气管内有黄色块状或凝乳状干酪样物：临床多见于支原体感染、传染性支气管炎、新城疫、禽流感等。

舌尖发黑：临床多见于药物引起或循环障碍性疾病。

舌根部出现坏死，反复出现吞咽动作：临床多见于肉鸡食长草或绳头缠绕，使舌部出现坏死。

7.嗉囊检查

（1）检查方法　嗉囊位于食管颈段和胸段交界处，在锁骨前形成一个膨大盲囊，成球形，弹性很强。肉鸡的嗉囊比较发达。常用视诊和触诊的方法检查嗉囊。

（2）病理状态下的嗉囊异常

软嗉：常见于某些传染病、中毒病。肉鸡采食硬而不易消化的饲料，如谷子、麦秸、谷草、碎纸、木屑等，停滞于嗉囊中机械刺激也可引起软嗉；发霉变质和易腐败发酵的饲料，在嗉囊内腐败发酵的分解产物也可导致本病发生。病鸡少食或不食，精神欠佳。由于嗉囊内的饲料发酵产气，致嗉囊膨胀，凸出颈下部分；嗉囊内容物不多，但充满液体和气体，触诊嗉囊，柔软而有弹性，并有痛感；常从鼻孔及口中排出恶臭或酸臭的气体和液体。病程严重时，病鸡头颈反复伸直，下咽困难，频频张嘴，最后因呼吸极度困难而死亡。

硬嗉：由于嗉囊内的食物不能向胃及肠管运行，积滞于嗉囊内，阻塞嗉囊，常发生硬嗉。按压时呈面团状。病鸡精神沉郁，倦怠无力，少食或废食，翼下垂，不愿活动；嗉囊膨大，触诊坚硬，嗉囊内充满坚硬的食物，长期不能消化，有时产生气体，由口腔内可发出腐败的气味，有时用手触摸能感到里面有异物。轻者影响食物的消化和吸收，导致生长发育迟缓；严重时，可导致腺胃、肌胃和十二指肠全部发生阻塞，使整个消化道处于麻痹状态，最后引起死亡。

垂嗉：嗉囊逐渐增大，总不空虚，内容物发酵有酸味，临床多见于饲喂大量粗饲料而引起。

嗉囊破溃：临床多见于误食石灰或火碱引起。

嗉囊壁增厚：用手触诊嗉囊壁增厚，多见于念球菌感染。

8.皮肤及羽毛检查

（1）正常情况　成年鸡羽毛整齐光滑、发亮、排列匀称，刚出壳雏鸡有纤维的绒毛、皮肤因品种、颜色不同而有差异。

（2）病理状态下皮肤与羽毛病变

皮肤肿瘤：临床多见于马立克氏病。

皮肤溃疡：在皮肤上形成溃疡，毛易脱，皮下出现出血，临床多见于葡萄球菌感染。

皮下白色胶样渗出：临床多见于维生素E亚硒酸钠缺乏。

皮下绿色胶样渗出：临床多见于绿脓杆菌感染。

脐部愈合差，发黑，腹部较硬：临床多见于沙门氏菌、大肠杆菌、葡萄球菌、绿脓杆菌感染引起的脐炎。

羽毛蓬乱，无光泽（图6-25），易脱落：临床多见于维生素A缺乏、营养不良、慢性消耗性疾病或外寄生虫病。

皮下脓肿，严重破溃、流脓：临床上多见于外伤或注射疫苗感染引起。

皮下气肿：严重时禽类像气球吹过一样，临床多见于外伤引起气囊破裂进入皮下引起。

图6-25　羽毛蓬乱无光

9.胸部检查

（1）正常情况　肉鸡胸部平直，肌肉附着良好，胸肌发达。在临床检查中注意胸骨平直情况、两侧肌肉发育情况以及是否出现囊肿等。

（2）病理状态下的胸骨变化

胸骨弯曲，肋骨（软骨部分）凹陷：临床多见于钙、磷、维生素D缺乏，钙磷比例不当、氟中毒等。

胸骨囊肿：临床多见于肉鸡运动不足或垫料太硬引起。

胸骨呈刀脊状：胸骨肌肉发育差，胸骨呈刀脊状。多见于一些慢性消耗性疾病，如马立克氏病、淋巴细胞白血病、大肠杆菌引起的腹膜炎等。

10.腹部检查

（1）腹部检查的方法　鸡的腹部是指胸骨和耻骨之间所形成的柔软的体腔部分。腹部检查的方法主要通过触诊来检查。正常情况下肉鸡腹部大小适中，相对比较丰满，触诊温暖柔软而有弹性，在腹部两侧后下方可触及到肝脏后缘；腹部下方可触及到较硬的肌胃。在临床上，应注意观察腹部的大小、弹性、波动感等。

（2）病理状态下的腹部异常

腹部容积变小：多见于肉鸡发病后，食欲下降，采食量减少。

腹部容积变大：若肉鸡腹部容积增大，触诊有波动感，多是腹水综合征；若雏鸡腹部较大，用手触摸较硬，临床多见由大肠杆菌、沙门氏菌或早期温度过低引起的卵黄吸收差所致。

腹部变硬：肉鸡腹部触诊较硬，临床多见于大肠杆菌感染。

肝脏肿胀至耻骨前沿：临床多见于淋巴白血病。

11. 泄殖腔检查

（1）正常情况　鸡的泄殖腔周围羽毛清洁。检查时，检查者用手抓住鸡的两腿，把鸡倒悬起来，使肛门朝上，用右手拇指和食指翻开肛门，观察肛道黏膜的色泽、完整性、紧张度、湿度和有无异物等。

（2）病理状态下泄殖腔的异常变化

假膜：肛门周围发红肿胀，并形成一种有韧性、黄白色干酪样假膜。将假膜剥离后，留下粗糙的出血面。常见于慢性泄殖腔炎（也称肛门淋）。

泄殖腔黏膜出血、坏死：常见于外伤、鸡新城疫。

二、病理剖检中各系统、器官的检查

（一）肌肉组织检查

1. 正常的肌肉组织

正常情况下，肉鸡肌肉丰满，颜色红润，呈深红色，表面有光泽。临床诊断时应注意观察肌肉颜色、弹性和是否脱水等异常情况。

2. 病理状态下肉鸡的肌肉异常变化

脱水：表现肌肉无光泽，弹性差，严重者表现为"搓板状"。多见于肾脏疾病引起的盐类代谢紊乱而导致的脱水或严重腹泻等。

水煮样病变：肌肉颜色发白，表面有水分渗出，肌肉变性，弹性差，像热水煮过一样。多见于热应激和坏死性肠炎。

肌纤维间形成梭状坏死和出血：小米粒大小，临床多见于卡氏住白细胞原虫病。

刷状出血：多见于传染性法氏囊炎、磺胺类药物中毒。

肌肉上有白色尿酸盐沉积：多见于痛风、肾型传染性支气管炎等。

形成黄色纤维素渗出物：腿肌、腹肌变性，有黄色纤维素性渗出物。多见于严重的大肠杆菌病。

贫血、苍白：多见于严重出血、贫血或喙伤。

肿瘤：多见于马立克氏病。

溃烂、脓肿：多见于外伤或注射疫苗引起的感染。

（二）肝脏检查

1. 肉鸡的正常肝脏

正常情况下，肉鸡肝脏颜色深红，两侧对称，边缘较锐，右侧肝脏腹面有大小适中的胆囊。刚出壳的小鸡，肝脏颜色呈黄色，采食后，颜色逐渐加深。观察肝脏病变时，应注意查看肝脏形状、大小、颜色变化、被膜情况，是否有肿胀、出血、坏死、结节、肿瘤或有无破裂等。肝脏质地、切面等情况，变性时，肝质地变脆、易碎，在脂肪变性时有油腻感；切面隆突，表明肝肿大；肝质地变硬时则有肝硬化，提示慢性中毒。同时注意肝淋巴结、血管、胆囊、胆管的性状。

2. 病理状态下肝脏的异常变化

肿大、瘀血，肝脏被膜下有针尖大小的坏死灶：多见于禽霍乱。

肝肿，在被膜下有大小不一的坏死灶：多见于鸡白痢等。

肝肿，呈铜锈色，有大小不一的坏死灶：多见于伤寒。

呈土黄色：多见于传染性法氏囊炎、磺胺类药物中毒、弧菌肝炎等。

表面有榆钱样坏死，边缘有出血：多见于盲肠肝炎。

有星状坏死：多见于弧菌肝炎。

肝肿，出血和坏死相间，切面呈琥珀色：多见于包涵体肝炎。

肝肿大至耻骨前沿：多见于淋巴细胞白血病。

有黄豆粒大小的肿瘤：多见于马立克氏病、淋巴细胞白血病。

肝脏萎缩、硬化：多见于肉鸡腹水症后期。

被膜上有黄色纤维素渗出物：多见于鸡的大肠杆菌病。

被膜上有白色尿酸盐沉积：多见于痛风和肾型传染性支气管炎。

被膜上有一层白色胶样渗出物：多见于衣原体感染。

肝脏出血，如中毒、鸡白痢、弯杆菌性肝炎、包涵体肝炎、卡氏住白细胞原虫病等。

肝脏坏死见于鸡白痢、弯杆菌性肝炎、包涵体肝炎、卡氏住白细胞原虫病等，也见于副伤寒、禽霍乱、大肠杆菌病、盲肠肝炎、鸡结核病等。

结节性病变：常见于马立克氏病和淋巴细胞性白血病。

肝脏破裂：可见到腹腔内有血液，肝脏表面有血凝块，提示肝脏发生严重的脂肪变性或脂肪肝。

（三）泌尿系统器官检查

1. 肉鸡正常的泌尿系统

肉鸡的肾位于腰背部，分左右两侧。每侧肾脏有前、后、中三叶组成，呈隆起状，颜色深红。两侧有输尿管，无膀胱和尿道，尿在肾中形成后沿输尿管输入泄殖腔，与粪便混合一起排出体外。临床上注意观察肾脏有无肿瘤、出血、肿胀及尿酸盐沉积等。

2. 病理状态下肾脏的异常变化

能引起肾脏变化的鸡病很多，且大部分死亡的鸡都与肾功能衰竭有关。首先检查肾脏体积、颜色，肿瘤病和很多传染病可引起肾脏肿大。而当输尿管阻塞时，部分肾脏可萎缩；肾小管内的白色结晶，是由于尿酸盐沉着引起的，常见于痛风、维生素 A 缺乏症、肾型传染性支气管炎、传染性法氏囊病、鸡白痢、大肠杆菌病及某些中毒病。

肾脏红肿：可能由于伤寒引起。再检查肾脏有无出血，肾出血主要见于卡氏住白细胞原虫病，肾脏瘀血可能为禽流感。

肾脏实质肿大：多见于肾型传染性支气管炎、沙门氏菌感染及药物中毒。

肾脏肿大并有尿酸盐沉积，花斑肾，多见于肾型传染性支气管炎、沙门氏菌感染、痛风、传染性法氏囊炎、磺胺类药物中毒等。

被膜下出血：多见于卡氏住白细胞原虫病、磺胺类药物中毒。

肾脏形成肿瘤：多见于马立克氏病、淋巴细胞白血病等。

肾脏单侧自融：多见于输尿管阻塞。

输尿管变粗、结石：多见于痛风、肾型传染性支气管炎、磺胺类药物中毒。

肾脏被膜上有灰白色粉末状物沉积：多因饲料配合不当，钙、磷比例失调或肾型传染性支气管炎引起。

肾脏内部有黄白色微细颗粒沉着或出现结石：多为尿酸盐沉着、维生素 A 缺乏、重金属中毒、尿毒症、沙门氏菌感染等疾病引起。

（四）消化系统器官检查

1. 肉鸡正常的消化器官（图 6-26 至图 6-28）

肉鸡的消化系统较特殊，没有唇、齿及软腭。上下颌形成喙，口腔与咽直接相连，食物入口后不经咀嚼，借助吞咽经食管入嗉囊。嗉囊是食管入胸腔前膨大而成，主要机能是贮存、湿润和软化食物，然后收缩将食物送入腺胃。腺胃体积小，呈纺锤形，位于腹腔左侧，可分泌胃液，含有蛋白酶和盐酸。肌胃紧接腺胃之后，肌层发达，内壁是坚韧的类角质膜，肌胃内有沙砾，对食物起机械研磨作用。

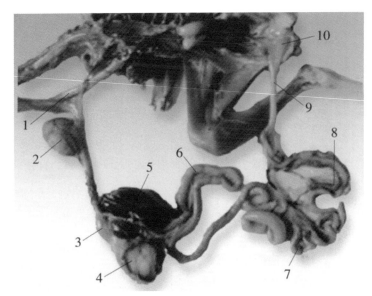

1—气管

2—嗉囊

3—腺胃

4—肌胃

5—脾脏

6—十二指肠

7—空肠

8—盲肠

9—直肠

10—泄殖腔

图 6-26　鸡的消化系统解剖图

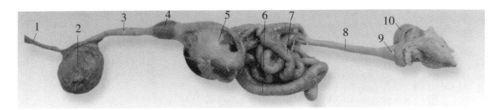

1—食管颈段　2—嗉囊　3—食管胸段　4—腺胃　5—肌胃
6—十二指肠　7—空肠　8—直肠　9—泄殖腔　10—法氏囊

图 6-27　鸡的消化系统解剖图

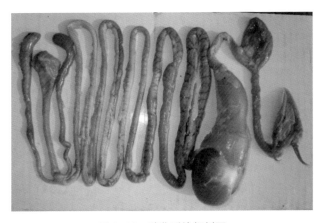

图 6-28　消化系统解剖图

十二指肠起于肌胃，形成"U"形袢而止于十二指肠起始部的相对处。空肠形成许多半环状肠袢，由肠系膜悬挂于腹腔右侧。胰腺位于十二指肠袢内，呈淡黄色，长形，分背腹两叶，以导管与胆管一同开口于十二指肠。大肠由一对盲肠和直肠组成。盲肠的入口处为大肠和小肠的分界线，这里有明显的肌性回盲瓣，后段肠壁内分布有丰富的淋巴组织，形成盲肠扁桃体，以鸡最明显。禽类的直肠很短，泄殖腔是消化、泌尿和生殖3个系统的共同出口，最后以肛门开口于体外。泄殖腔体被两个环形褶分为前、中、后3部分：前为粪道，与直肠直接相连；中为泄殖道，输尿管、输精管或输卵管的阴道部开口于此；后为肛道，是消化道最后一段，壁内有括约肌。在泄殖道与肛道交界处的背侧有一腔上囊（又称法氏囊）。临床检查应注意观察消化系统的内脏是否出现水肿、出血、坏死、肿瘤等。

2. 病理状态下消化系统的异常变化

（1）食管、嗉囊 注重检查管腔黏膜性状和嗉囊内容物性状，有无异味。食管有出血，多见于药物中毒、禽流感。食道形成一层白色假膜，多见于念珠菌感染和毛滴虫病。

（2）腺胃 首先检查腺胃的大小、硬度，然后剪开胃壁观察内容物和黏膜状况，着重观察黏膜有无出血和溃疡、黏膜乳头大小及是否肿胀、是否有寄生虫、腺胃壁的厚度等。如发现腺胃黏膜出血，应首先怀疑新城疫；如腺胃肿胀，浆膜外出现水肿变性，肿胀像乒乓球样，临床多见于传染性腺胃炎（腺胃型传染性支气管炎）、马立克氏病。

腺胃变薄，严重时形成溃疡或穿孔，腺胃乳头变平，严重形成蜂窝状：多见于坏死性肠炎、热应激。

腺胃乳头出血，多见于新城疫、禽流感、药物中毒。

腺胃黏膜和乳头出现广泛性出血：多见于卡氏住白细胞原虫病，药物中毒和肉鸡严重大肠杆菌病。

（3）肌胃 应观察外表有无肿瘤样物，然后切开胃壁，观察角质膜有无溃疡，剥下角质膜后，肌胃黏膜的状态便显露出来，看是否有出血或溃疡。

肌胃变软，无力：多见于霉菌感染、药物中毒。

肌胃角质层糜烂：多见于药物中毒、霉菌感染。

肌胃角质层下出血：多见于新城疫、禽流感、霉菌感染或药物中毒。

在观察腺胃和肌胃的同时，还要注意观察两胃交界处的病理变化，主要看有无出血、变性等情况。

腺胃与肌胃交界处出血：多见于新城疫、禽流感、传染性法氏囊炎和药物中毒。

腺胃与肌胃交界处出现腐蚀，糜烂：多见于药物中毒、霉菌感染。

腺胃与肌胃交界处形成铁锈色：多见于药物中毒、肉鸡强毒新城疫和低血糖综合征。

腺胃与肌胃交界处角质层出现水肿，变性：多见于药物中毒。

如发现腺胃与食道交界处有出血，应怀疑有传染性支气管炎、新城疫、禽流感等。

（4）小肠　小肠包括十二指肠、空肠和回肠。先从浆膜面观察有无渗出物，肠壁有无增生性病灶，如马立克氏病、肿瘤或坏死灶，大肠杆菌肉芽肿，结核结节等，肠内有无出血点或出血斑，或白色小点。然后逐步剪开肠管，仔细观察内容物数量、颜色，有无寄生虫（蛔虫、绦虫），重点是肠黏膜的状况。如怀疑是新城疫，应着重观察十二指肠上段、中部和卵黄蒂下 2~4 厘米处、回肠中部等处，可发现枣核状的黏膜潮红、肿胀、出血或溃疡。如肠黏膜弥漫性出血，则首先应怀疑是小肠球虫病，此时最好进行涂片镜检。如小肠有大面积溃疡，则应怀疑是否有溃疡性肠炎。有时黏膜面被覆纤维素样渗出物。

小肠肿胀，浆膜外观察有点状出血或白色点：多见于小肠球虫病。

肠壁的增厚或变薄，也可提示肉鸡生前有肠炎的可能。小肠壁增厚，有白色条状坏死，严重时在小肠形成假膜：临床多见于堆氏球虫病或坏死性肠炎。

小肠片状出血：临床多见于禽流感和药物中毒。

小肠黏膜脱落：临床多见于坏死性肠炎、热应激或禽流感。

十二指肠腺体、盲肠扁桃体、淋巴滤泡肿胀、出血，严重的形成纽扣样坏死：多见于新城疫。

（5）盲肠　应观察盲肠的粗细、硬度等。如果内有白色盲肠芯，横切时见到树年轮、同心圆状样结构，黏膜也有坏死，这是盲肠肝炎的特征；鸡白痢时盲肠虽也变粗，内容物也呈白色，但横切没有盲肠肝炎时的特征；黏膜大面积溃疡，则提示有溃疡性肠炎的可能。盲肠扁桃体常有充血、出血和溃疡，新城疫等病常出现这样的病变。盲肠内积红色血液，盲肠壁增厚、出血，盲肠体积增大：临床多见于盲肠球虫。

（6）直肠　直肠的变化不很复杂，有时可见到肠黏膜有针尖大的出血点，肠内容物有时呈白色石灰乳状。

直肠肠壁形成米粒样大小结节：多见于慢性沙门氏菌、大肠杆菌引起的肉芽肿。

（7）脾脏　先检查脾脏的大小、硬度、色泽，急性炎症、坏死或有肿瘤时，脾脏肿大。通常色泽暗红时说明脾脏瘀血，常见于伤寒。再检查脾脏有无坏死灶、出血点、肿瘤病灶，结核病时有较大的坏死灶；脾出血常见于卡氏住白细胞原虫病；如脾脏有肿瘤，主要见于马立克氏病和淋巴细胞性白血病。最后切开脾脏，观察切面情况，如切面隆突、边缘外翻，也表明脾脏肿大。

（8）胰脏　检查胰腺色泽、质地，色泽变灰白色，且质脆易碎，则表明胰坏死，常发生于硒 - 维生素 E 缺乏症；出血多见于卡氏住白细胞原虫病；而肿瘤病时，则可见有肿瘤形成。胰脏出现肿胀、出血、坏死：多见于禽霍乱、沙门氏菌、大肠杆菌感染或禽流感。

（五）呼吸系统器官检查

1. 肉鸡正常的呼吸器官

肉鸡的呼吸系统由鼻、咽、喉、气管、支气管、肺和气囊等器官构成。临床检查时，要重点检查黏膜色泽，局部淋巴结性状，有无出血、炎症，眶下窦内有无炎性渗出物和分泌物。

肺脏的检查，首先要检查肺脏的颜色、质地、弹性及肺淋巴结（图 6-29、图 6-30）。肺脏正常为粉红色，如有瘀血或呈暗红色，特别是自然死亡的肉鸡，色泽一般为暗红色。肺正常时质地软、弹性好，用手触摸各肺叶，检查有无硬块、结节和气肿。

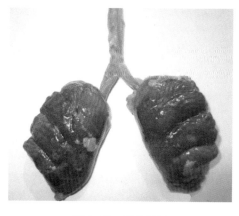

图 6-29　肺的解剖

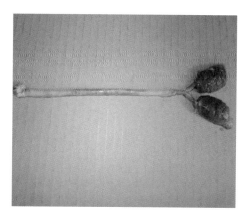

图 6-30　呼吸系统解剖图

气囊是禽类特有的呼吸器官，是极薄的膜性囊，气囊共 9 个，只有一个不对称，即单个的锁骨间气囊和成对的颈气囊、前胸气囊、后胸气囊和腹气囊，气囊并与支气管相通，可作为空气的贮存器，有加强气体交换的功能。正常时，气囊是无色、透明而光滑的薄膜。观察气囊时注意气囊壁厚薄，有无结节、干酪物、霉菌菌斑等。

2.病理状态下呼吸器官的异常变化

若肺脏质地发生变化，弹性差，提示有水肿的可能。其次检查肺脏有无病灶及出血。若肺脏有灰白色半透明病灶，病灶质地硬，则可能有鸡白痢或马立克氏病；肺脏和气囊有同样病变时，可能是由真菌引起的疾病。有时肺脏发生出血，则可疑为卡氏住白细胞原虫病，此时应检查肾脏和其他组织器官。切开气管、支气管，检查黏膜有无出血、渗出物。最后横向切开肺叶，观察有无结节、寄生虫、血液及水肿液流出，有时可见支气管壁肥厚，管腔内有渗出物，可疑为传染性支气管炎、黏膜型鸡痘及支原体病等。还要注意支气管间质的变化。

肺成樱桃红色：临床多见于一氧化碳中毒。

肺肉变：肺表面或实质有肿块或肿瘤，多见于马立克氏病。

肺部形成黄色的米粒大小的结节：多见于鸡白痢、曲霉菌感染。

肺水肿：多见于肉鸡腹水症。

肺部形成黄白色较硬的豆腐渣样物：多见于结核、曲霉菌感染、马立克氏病。

肺部有霉菌斑和出血：多见于霉菌感染。

支气管内积有大量干酪样物或黏液：多见于育雏前7天湿度过低、传染性支气管炎。

支气管上端出血：多见于传染性支气管炎、新城疫、禽流感等。

鼻黏膜出血，鼻腔内积有大量的黏液：多见于传染性鼻炎、支原体等。

喉头水肿：多见于新城疫、禽流感。

气管内形成痘斑：多见于黏膜型鸡痘。

喉头形成黄色的栓塞：多见于黏膜型鸡痘。

病理状态下气囊的异常变化：

有炎症时，气囊膜增厚、混浊、不透明，其表面覆有渗出物，可疑为支原体病、大肠杆菌病及传染性支气管炎或这些疾病的混合感染。气囊表面有黄白色、黄绿色结节，应考虑是否为真菌所引起的，应查看肺脏及其他浆膜。

气囊壁增厚：多见于大肠杆菌、支原体、霉菌感染。

气囊上有黄色干酪物：多见于支原体、大肠杆菌感染。

气囊上有小泡，在腹气囊中形成许多泡沫：多见于支原体感染。

气囊上见有霉菌斑：多见于霉菌感染。

气囊上有黄白色车轮状硬干酪物：多见于霉菌感染。

气囊上有小米粒大小结节：多见于鸡曲霉菌感染或卡氏住白细胞原虫病。

（六）心脏检查

鸡的心脏较大，正常时呈圆锥形，位于胸腔的后下方，夹于肝脏的两叶之间。心脏的壁是由心内膜、心肌和心外膜构成。心脏的瓣膜是由双层的心内膜褶和结缔组织构成的，心脏的外面包一浆膜囊叫做心包。在正常情况下，内含少量心包液，呈湿润状态，有减少心动摩擦的作用。但在病态情况下，常积有较多的液体，其含量多少，因病而异。正常和营养状况良好的鸡只，心脏的冠状沟和纵沟上有较多的脂肪组织，观察心脏的形态、脂肪及心内外膜、心包、心肌情况有诊断意义。

1. 心脏检查方法

临床上对心脏的检查，首先观察心包液、心包有无异物附着。正常心包腔内有少量液体起润滑作用，这些液体是透明无色的；其次检查心外膜有无出血点及心肌的硬度、颜色及心脏形状。再者检查心肌表面有无白色隆起，检查时应注意区别心尖上的脂肪，正常的心尖脂肪有特殊光泽，而且较软。检查心内膜色泽，有无出血，瓣膜是否肥厚，有无缺损，腱索粗细、有无断裂。

2. 病理状态下心脏的异常变化

心脏变成钝圆：表明心脏变形，提示有心力衰竭，常见于腹水症等。

冠脂出血：多见于禽霍乱或禽流感。

心脏上形成米粒样大小结：多见于慢性沙门氏菌、大肠杆菌或卡氏住白细胞原虫病。

心尖脂肪白色隆起且质地硬，有的深达心肌内部：可怀疑鸡白痢结节和肿瘤；而米粒大的小白点可能是卡氏住白细胞原虫引起的。

心肌出现肿瘤：多见于马立克氏病。

心包内积有大量液体，颜色异常或变混浊，有纤维素样物附着，应考虑纤维素性心包炎，可怀疑是大肠杆菌、支原体等引起的病变。

心包内积有大量白色尿酸盐：多见于痛风、肾型传染性支气管炎、磺胺类药物中毒等。

心包积有大量黄色液体：多见于一氧化碳中毒、肉鸡腹水症、肺炎及心力衰竭。

心脏代偿性肥大，心肌无力：多见于肉鸡腹水综合征。

心脏出现条状变性，心内、外膜出血：多见于禽流感、心肌炎、维生素 E 缺乏症等。

心脏瓣膜形成圆球状：多见于风湿性心脏病、心肌炎等。

心外膜出血：多见于心冠脂肪，出血点有大有小。多见于急性新城疫、急性霍乱、禽流感等。

（七）法氏囊检查

法氏囊又称为腔上囊，为禽类所特有，位于泄殖腔的背侧，盲囊状，开口于泄殖腔肛道背侧壁。鸡的呈球形或长椭圆形，性成熟前达最大，性成熟后开始退化直至完全消失。法氏囊的主要功能与体液免疫有关，是产生 B 淋巴细胞的初级淋巴器官。

首先观察法氏囊周围组织有无水肿、法氏囊体积大小。若法氏囊体积增大，则可能由喹乙醇中毒、淋巴细胞性白血病引起；如法氏囊体积缩小，应考虑营养不良、马立克氏病或传染性法氏囊病的后期。其次切开法氏囊，观察其黏膜面有无出血、坏死或肿瘤及溃疡，黏膜出血或坏死，提示有传染性法氏囊病的可能，但卡氏住白细胞原虫病也可引起出血；黏膜皱褶肿胀或有溃疡，可能是淋巴细胞性白血病，发生法氏囊袋状肿大时，可能是药物中毒引起。法氏囊水肿、出血（紫葡萄状）或萎缩、表面有胶冻样物，是鸡传染性法氏囊炎的特征性病变；法氏囊仅出现轻微缩小或肿大，提示为免疫抑制性疾病。

第四节　实验室诊断

在肉鸡疾病临床诊断中，一般通过病历调查、临床检查和病理解剖对大多数疾病可以作出初步诊断。但有时疾病缺乏临床特征而又需要作出正确诊断时，必须借助实验室手段或取样品送到相关防疫检查站、兽医站，帮助诊断。

实验室诊断一般包括组织病理学、微生物学（包括细菌学检验、病毒学检验和血清学检验）、寄生虫学、生理生化学的实验诊断。在鸡病中，由于以传染病为主，所以实验室诊断一般侧重于微生物学，特别是微生物学中的血清学诊断。血清学诊断是建立在抗原与相应抗体发生可见反应这一原理的基础上，有的反应不可见或难测，可以通过应用补体，溶血以及荧光素，酶和同位素标记等指示物质，使其反应成为可见或可测状态。血清学方法具有严格的特异性和较高的敏感性，在传染病的诊断、病原微生物的分类和鉴定以及抗原分析、免疫抗体监测等方面，均有较广泛的应用。即用已知的抗体，可以对分离获得的病原微生物进行鉴定。相反，通过已知的抗原对康复肉鸡、隐性感染肉鸡以及接种疫苗后的肉鸡的抗体消减进行定性和定量的监测。

血清学检验方法很多，常用的有凝集试验、琼扩试验、血凝试验、间接血凝试验、血凝抑制试验、补体结合试验、红细胞吸附和吸附抑制试验、病毒中和试验、酶联免疫吸附试验（简称 ELISA）以及免疫荧光试验等。本书仅作简单介绍，供养殖场户参考。

一、凝集试验

（一）直接凝集试验

凝集反应即细菌、红细胞等颗粒性抗原与相应的抗体在电解质参与下，相互凝集形成团块，这种现象称为凝集反应。参与反应的抗体称为凝集素，抗原称凝集原。常有平板法、试管法、玻片法及微量凝集法等。

1. 平板法

取洁净玻板一块，用蜡笔按试验要求划成数个方格，并注明待检血样的号码；用生理盐水倍比稀释血清，加入抗原，用牙签（或火柴棍之类）自血清量最少（血清稀释度最高）的一格起，将血清与抗原混匀，注意抗原用前摇匀，并置室内，使其温度达20℃以上。混合完毕用酒精灯稍微加温，使达30℃左右，5~8分钟内记录结果，按下列标准记录反应强度。

凝集价标识	反应强度
++++	出现大的凝集块，液体完全透明
+++	有明显凝集片，液体几乎完全透明，即75%凝集
++	有可见凝集片，液体不甚透明，即50%的凝集
+	液体混浊，有小的颗粒状物，即25%凝集
−	液体均匀混浊，即不凝集

该法为一种定量方法，常用于检测待检血清中的相应抗体及其效价。如一般以++以上血清最高稀释度为该血清的凝集价，也用定性作为鸡病阳性判定，协助临床诊断及流行病学的调查。

注意：每次试验须用标准阳性血清和阴性血清作对照。

2. 试管法

该法操作时，将待检血清用相应生理盐水作倍比稀释，加入等量的已知抗原，充分混匀，放入37℃温箱或水浴锅中4~10小时，取出后放置室温数小时，观察并记录结果。判定方法与平板凝集法一致。

3. 玻片凝集法

又称快速凝集反应，为一种定性试验，常用于鸡白痢的诊断及流行病学的调查中，也用于鸡传染性鼻炎、鸡慢性呼吸道病（霉形体病）等的诊断。现以鸡白痢玻片凝集试验为例进行示范说明：用滴管吸取标准诊断液（即鸡白痢凝集标准抗原）一滴（约0.05毫升），滴在洁净的玻片或干净普通玻璃上。刺破鸡冠或翅静脉或剪一鸡冠齿，采血一滴（约0.04毫升），使之与诊断液混匀，可用牙签或火柴棍搅匀，或稍微靠在桌边缘摇动玻片，频频变动玻板水平位置，使混合均匀。

如在1~3分钟内细菌和红细胞从混合液滴的边缘开始逐渐凝集成较大的颗粒，呈片状、团块状，将红细胞凝集成许多小区，液体几乎完全透明，外观是花斑状，则判为阳性反应；如在2~3分钟之内不出现凝集现象，而且玻板上的混合液均保持原来的状态，或者中间部分较浓，四周较稀薄的混悬物，则可判为阴性反应。该反应温度条件在室温20~30℃进行。

类似的还可用血清进行快速凝集反应，其方法为选用洁净玻片或载玻片，下面衬以黑色展板，在玻片上滴一滴血清或相当凝集价的稀释血清，再滴一滴鸡白痢凝集标准抗原（诊断液）混合均匀，几分钟后观察凝集成块情况，判定阴阳反应。如阴性反应，则混和液保持一致混浊的红色。

4. 微量凝集法

该方法原理均同试管凝集法，只是操作在微量滴定板（反应板）上进行，抗原、抗体用量很少，故称微量凝集试验，即用数根稀释棒并排在U形或V形微量滴定板上揉搓，将待测血清作系列倍比稀释，随后滴加抗原振荡混合，置37℃温箱或温室内一定时间（12~24小时），判定结果方法同平板法。

（二）间接凝集试验

即将颗粒性抗原（或抗体）吸附于与免疫无关的小颗粒（载体）的表面，此吸附抗原（或抗体）的载体颗粒与相应的抗体（或抗原）结合，在有电解质存在的适宜条件下发生凝集现象。亦称被动凝集试验，常用的载体有动物的红细胞、聚苯乙稀乳胶活性炭等，吸附抗原后的颗粒称为致敏颗粒。现将最常用的间接血凝试验介绍如下。

间接血凝试验是以红细胞为载体，将抗体（或抗原）吸附在红细胞表面，用来检测微量的抗原(或抗体),吸附有抗体(或抗原)的红细胞也称致敏红细胞。间接血凝试验目前多采用微量法,可选用U形或V形微量反应板,将待检血清在血凝板试验用的反应板上用稀释棒或定量移液管作倍比稀释,再加等量致敏红细胞悬液,振荡混匀后,置于一定温度数小时或于25~30℃放置过夜,观察凝集程度。以出现50%凝集的血清最大稀释度为该血清的血凝价。

试验应设如下对照:

① 致敏红细胞加稀释液的空白对照。

② 已知阳性血清对照。

③ 已知阴性血清对照。

④ 未致敏红细胞加阳性血清对照。

二、血凝和血凝抑制试验

(一)试验原理

某些病毒表面含有血凝素,能与鸡红细胞表面的黏蛋白受体结合,使红细胞发生凝集,称为病毒的红细胞凝集现象,简称血凝现象。这种病毒的红细胞凝集现象,可以被特异性免疫血清所抑制,称病毒的红细胞凝集抑制现象,简称血凝抑制现象。

(二)临床上的应用

1. 辅助诊断病毒性疾病

当动物感染某种病毒而发病时,可在机体的相应器官查出病毒。利用血凝试验检查被检病料中是否有能凝集红细胞的病毒存在。能凝集红细胞的病毒有鸡新城疫病毒、禽流感病毒、减蛋综合征病毒等。

2. 鉴定病毒

3. 检测血清中的抗体水平

4. 作为适时免疫的辅助手段,避免免疫失败

(三)试验材料(以检测血清抗体水平为例)

96孔V形微量反应板、振荡器1台、标准抗原、1%的鸡红细胞悬液、生理盐水、被检血清、微量移液器等。

（四）试验方法和步骤（以检测血清抗体水平为例）

1.血凝试验

① 加稀释液。用微量移液器向96孔V形微量反应板第1~12孔各加生理盐水50微升。

② 试验倍比稀释标准抗原。用微量移液器吸取标准抗原50微升于第1孔中，并反复吹打4~5次，均匀后吸出25微升至第2孔，依次倍比稀释到第11孔，弃去50微升；12孔不加抗原作对照。

③ 加1%的鸡红细胞悬液。用微量移液器向1~12孔各加1%红细胞悬液50微升。

④ 置于振荡器上，振荡1分钟。室温静置15~20分钟后观察结果。

⑤ 观察结果。将反应板倾斜成45°角，沉于孔底的红细胞沿着倾斜面向下呈线状流动者（吊线）为沉淀，表明红细胞未被或不完全被病毒凝集；如果孔底的红细胞铺平孔底，凝成均匀薄层，倾斜后红细胞不流动，说明红细胞被病毒所凝集。

⑥ 结果判定。

抗原凝集价的判定。能使鸡红细胞完全凝集的抗原最大稀释倍数，称为抗原凝集价（也称血凝滴度），以2的指数表示。第12孔对照应不凝集，在对照成立时才判断结果。

4单位抗原的配制。计算出含4个血凝单位的抗原浓度。按下列公式计算：

抗原应稀释的倍数 = 抗原凝集价/4

例：若抗原凝集价为2^8，则4单位抗原应将原抗原作$2^8/4$（即64）倍稀释。即取0.1毫升抗原，加入6.3毫升生理盐水。

2.血凝抑制

① 加稀释液。用微量移液器向96孔V形微量反应板第1~12孔各加生理盐水25微升。

② 倍比稀释被检血清。用微量移液器吸取待检血清25微升于第1孔中，并反复吹打4~5次，均匀后吸出25微升至第2孔，依次倍比稀释到第11孔，弃去25微升；12孔不加血清作对照。

③ 加4单位抗原。向1~12孔各加25微升4单位抗原。

④ 置于振荡器上，振荡1分钟，室温静置20分钟。

⑤ 加1%的鸡红细胞悬液。用微量移液器向1~12孔各加1%红细胞悬液25

微升。

⑥ 振荡 1 分钟。室温静置 20~25 分钟后观察结果。

⑦ 结果判定。能够使 4 单位抗原凝集鸡红细胞的作用完全被抑制的血清最高稀释倍数，称为该血清的抗体效价，以 2 的指数表示。第 12 孔对照应完全凝集，在对照成立时才判定结果。如果第 1~8 孔均未被凝集，9~11 孔均凝集，则血清抗体效价为 2^8。

（五）注意事项

① 每加一种样品，都要更换一个移液器的滴头。

② 当红细胞受细菌污染或保存时间过长时，可出现全部凝集现象，试验时一定要注意制备的红细胞悬液不能保存时间过长。

③ 温度对试验结果也有影响。一般要求在室温 25~37℃进行试验，当温度低于 4℃时，红细胞有时会发生自凝现象。

④ 不同来源、不同浓度的红细胞会使结果出现差异，一般需要 3 只或 3 只以上公鸡红细胞混合在一起。有抗体鸡提供的红细胞需要更多次数洗涤。

⑤ 96 孔 V 形微量反应板是否洗净，是否光滑，也会影响试验结果。

（六）试验后用具的处理

用过的反应板、微量滴头先用流水冲洗，然后泡在清洁液中，24 小时后捞出，甩掉清洁液，放入流水中冲洗干净后，再在蒸馏水中冲洗一遍，甩干，摆放在恒温箱中（70℃以下），烤干备用。

清洁液的配制：重铬酸钾 79 克，水 1000 毫升，硫酸 100 毫升。将重铬酸钾磨碎，溶解于水中，然后慢慢加入硫酸 100 毫升，不断搅拌，切不可将重铬酸钾水溶液倒入硫酸中，以防爆炸，操作时必须戴手套、口罩。

三、沉淀试验

可溶性抗原与相应抗体结合，在有电解质存在时可形成肉眼可见的白色沉淀线（或物），该过程称为沉淀反应。参与沉淀反应的抗原称为沉淀原，抗体为沉淀素。沉淀反应可分为固相和液相，液相沉淀反应中以环状沉淀反应为多见；固相沉淀反应中主要有琼脂扩散试验，对流免疫电泳试验。

以下介绍在鸡病中常用的琼脂扩散试验方法。

所谓琼脂扩散反应，即将抗原和抗体在含有电解质的琼脂凝胶中扩散相遇，引起抗原抗体结合形成肉眼可见的沉淀线的现象。琼脂为一种含硫酸基的多糖体，高温时能溶于水，冷后凝固形成凝胶，该凝胶呈多孔结构，孔内充满水分，其孔径大小取决于琼脂浓度，如1%的琼脂凝胶的孔径为85微米，因此，允许各种抗原或抗体在琼脂凝胶中自由扩散，当按一定比例加入的抗原和抗体相遇时，就会形成一条明显的沉淀线，而且一对抗原和抗体只能形成一条沉淀线，故该法常用来鉴定抗原、抗体及其效价。如用于传染性法氏囊病、脑脊髓炎、鸡白痢的检查。

方法：将清洁平皿（直径9~10厘米）置水平台上，倒入加热融化的1%缓冲琼脂15~20毫升，厚度2.5~3毫米，注意勿倒出气泡，待冷凝后将琼脂平皿放置事先画好的带中央孔的六角形图案的纸上，用金属打孔器按图形位置打孔，再用针头或小镊子将孔内琼脂块挑出，外周孔直径为6毫米，中央孔为4毫米，孔距为3毫米；中间孔滴加标准抗原，周围孔滴加待检血清和阳性对照血清，加完样品后，将平皿置湿盒内，放室温(15~30℃)观察2~3天。结果判定，标准阳性对照血清与抗原孔之间形成沉淀带，或干扰其毗邻的阳性血清沉淀带使其邻端向内侧偏弯者，判为阳性；与抗原孔之间不出现沉淀带，阳性血清相邻近的沉淀线仍为直线向外偏弯者，判为阴性。

四、红细胞吸附和红细胞吸附抑制试验

又称红血球吸附和红血球吸附抑制试验。某些病毒如鸡痘病毒、正黏病毒、副黏病毒等，在培养的细胞内增殖后，可使培养的细胞吸附某些动物的红细胞，而且只有感染细胞的表面吸附红细胞，不感染的细胞不吸附红细胞，因此可以作为这种病毒增殖的衡量指数。红细胞吸附现象也可被特异抗血清所抑制，故可作病毒的鉴定方法，尤其对一些不产生细胞病理变化的病毒，不失为一种快速有效的鉴定方法。

操作方法：细胞经培养长成单层后，常规接种病毒，经一定时间培养，弃培养液，加0.4%~0.5%已洗涤的红细胞悬液，置室温(18~20℃)作用一刻钟（某些病毒置4℃或37℃）；加少量生理盐水，轻轻洗涤，去未吸附的红细胞，放在低倍显微镜下观察。如红细胞黏附于单层细胞中的感染细胞表面，病毒大量增殖时，可见整个单层细胞粘满红细胞，则均判为阳性。进行抑制试验时，用汉克斯氏液将经病毒接种培养后的培养液洗涤2次，然后加入1:10稀释的抗血清，室温或37℃ 30分钟后，弃血清，加入红细胞悬液，如上进行红细胞吸附试验，镜检红细胞吸附强

度，与对照相比，完全抑制为阳性。

五、补体结合试验

可溶性抗原，如蛋白质、多糖、类脂类、病毒等，与相应抗体结合后，其抗原抗体复合物可结合补体 (是球蛋白，主要是 r 球蛋白)，但这一反应肉眼无法观察到，而通过加入溶血系统作指示系统，包括绵羊红细胞、溶血素和补体，通过观察是否出现溶血，来判断反应系统是否存在相应的抗原抗体，该过程称补体结合试验。参与补体结合的抗体称补体结合抗体。

注意在预备试验及正式试验中，均需已知的强阳性血清、弱阳性血清和阴性血清供滴定补体、滴定抗原或作对照用。

六、病毒中和试验

中和试验在肉鸡病毒病的诊断工作中，常用于用已知病毒来检查未知血清，也可用已知血清来鉴定未知病毒，还可用于中和抗体的效价测定。其原理：病毒 (抗原) 与相应的抗体中和以后，可知病毒丧失感染力，该反应具有高度的种、型特异性，而且一定量的病毒必须有相应量的中和抗体才能被中和。

七、免疫标记技术

利用某些能够通过某种理化因素易于检测的物质标记抗体，这些被标记的抗体与相应的抗原相结合，通过对标记物的测定，从而确定抗原的存在部分和定量。该技术目前广泛应用的主要有：免疫荧光技术、同位素标记技术 (即放免沉淀) 和免疫酶标技术 (包括 ELISA) 等。

附录　无公害食品肉鸡饲养中允许使用的治疗药

类别	药品名称	剂型	用法与用量（以有效成分计）	休药期（天）
抗菌药	硫酸安普霉素	可溶性粉	混饮，0.25~0.5 克 / 升，连饮 5 天	7
	亚甲基水杨酸杆菌肽	可溶性粉	混饮，预防 25 毫克 / 升；治疗，50~100 毫克 / 升，连用 5~7 天	1
	硫酸黏杆菌素	可溶性粉	混饮，20~60 毫克 / 升	7
	甲磺酸达氟沙星	溶液	20~50 毫克 / 升 1 次 / 天，连用 3 天	
	盐酸二氟沙星	粉剂、溶液	内服、混饮，5~10 毫克 / 千克体重，2 次 / 天，连用 3~5 天	1
	恩诺沙星	溶液	混饮，25~75 毫克 / 升，2 次 / 天，连用 3~5 天	2
	氟苯尼考	粉剂	内服，20~30 毫克 / 千克体重，2 次 / 天，连用 3~5 天	30 天暂定
	氟甲喹	可溶性粉	内服，3~6 毫克 / 千克体重，2 次 / 天，连用 3~4 天，首次量加倍	
	吉他霉素	预混剂	100~300 克 / 吨，连用 5~7 天，不得超过 7 天	7
	酒石酸吉他霉素	可溶性粉	混饮，250~500 毫克 / 升，连用 3~5 天	7
	牛至油	预混剂	22.5 克 / 吨，连用 7 天	
	金荞麦散	粉剂	治疗：混饲 2 克 / 千克 预防：混饲 1 克 / 千克	0
	盐酸沙拉沙	溶液	20~50 毫克 / 升，连用 3~5 天	
	复方磺胺氯哒嗪钠（磺胺氯哒嗪钠 + 甲氧苄啶）	粉剂	内服，20 毫克 /（千克体重·天）+ 4 毫克 /（千克体重·天），连用 3~6 天	1
抗菌药	延胡索酸泰妙菌素	可溶性粉	混饮，125~250 毫克 / 升，连用 3 天	
	磷酸泰乐菌素	预混制	混饲，26~53 克 / 吨	5
	酒石酸泰乐菌素	可溶性粉	混饮，500 毫克 / 升，连用 3~5 天	1

类别	药品名称	剂型	用法与用量（以有效成分计）	休药期（天）
抗寄生虫药	盐酸氨丙啉	可溶性粉	混饮，48 克 / 升，连用 5~7 天	7
	地克珠利	溶液	混饮，0.5~1 毫克 / 升	
	磺胺氯吡嗪钠	可溶性粉	混饮，300 毫克 / 升混饲，600 克 / 吨，连用 3 天	1
	越霉素 A	预混剂	混饲，10~20 克 / 吨	3
	芬苯哒唑	粉剂	内服，10~50 毫克 / 千克体重	
	氟苯咪唑	预混剂	混饲，30 克 / 吨，连用 4~7 天	14
	潮霉素 B	预混剂	混饲，8~12 克 / 吨，连用 8 周	3
	妥曲珠利	溶液	混饮，25 毫克 / 升，连用 2 天	

参考文献

[1] 陈理盾，李新正，靳双星 . 禽病彩色图谱 [M]. 沈阳：辽宁科学技术出版社，2009.

[2] 武拉祥，卢国强 . 鸡群日常巡视管理关键控制技术 [J]. 中国家禽，2010（7）.

[3] 李连任等 . 商品肉鸡常见病防治技术 [M]. 北京：化学工业出版社，2012.